普通高等学校工程训练"十四五"规划教材

普通高等学校工程训练精品教材

工程训练——加工中心分册

主　编　朱雪明

副主编　孙祥仲　周　乐

华中科技大学出版社

中国·武汉

内 容 简 介

数控加工技术是制造业发展的重要方向,同时也是工程训练实践教学的主要内容之一。目前,从航空航天超级工程到医疗器械等精密制造领域都需要使用先进的多轴加工技术,其中,最具代表性的多轴加工技术是三轴和五轴数控加工技术。数控加工技术实践教学课程的开展,对先进制造技术、智能制造技术相关专业的人才培养将起到重要的支撑作用。

本书共分为6章:第1、2章介绍了数控加工中心的组成和加工中心夹具的种类与使用;第3、4章从硬件和软件层面介绍了三轴加工中心的操作方法;第5、6章结合华中数控的五轴加工中心详细介绍了五轴数控加工技术的相关内容。本书内容是编者多年来对数控加工工作经验的技术总结,是梳理数控加工技术相关知识和操作技能的宝贵资料。

本书可作为普通高等学校相关专业的教材,也可作为行业和企业相关工程技术人员的参考用书。

图书在版编目(CIP)数据

工程训练. 加工中心分册/朱雪明主编. —武汉:华中科技大学出版社,2024.4
ISBN 978-7-5772-0571-7

Ⅰ.①工… Ⅱ.①朱… Ⅲ.①机械制造工艺 Ⅳ.①TH16

中国国家版本馆 CIP 数据核字(2024)第 076304 号

工程训练——加工中心分册   朱雪明　主编
Gongcheng Xunlian——Jiagong Zhongxin Fence

策划编辑:余伯仲
责任编辑:刘　飞
封面设计:廖亚萍
责任监印:朱　玢
出版发行:华中科技大学出版社(中国·武汉)　　电话:(027)81321913
　　　　　武汉市东湖新技术开发区华工科技园　　邮编:430223
录　　排:武汉市洪山区佳年华文印部
印　　刷:武汉市洪林印务有限公司
开　　本:710mm×1000mm　1/16
印　　张:5.75
字　　数:107 千字
版　　次:2024 年 4 月第 1 版第 1 次印刷
定　　价:19.80 元

普通高等学校工程训练"十四五"规划教材

普通高等学校工程训练精品教材

编写委员会

主　任：王书亭(华中科技大学)

副主任：(按姓氏笔画排序)

于传浩(武汉工程大学)　　　　刘怀兰(华中科技大学)

江志刚(武汉科技大学)　　　　李　波(中国地质大学(武汉))

李玉梅(湖北工程学院)　　　　吴世林(中国地质大学(武汉))

吴华春(武汉理工大学)　　　　沈　阳(湖北大学)

张国忠(华中农业大学)　　　　罗龙君(华中科技大学)

孟小亮(武汉大学)　　　　　　贺　军(中南民族大学)

夏　新(湖北工业大学)　　　　漆为民(江汉大学)

委　员：(排名不分先后)

徐　刚　吴超华　李萍萍　陈　东　赵　鹏　张朝刚

鲍　雄　易奇昌　鲍开美　沈　阳　余竹玛　刘　翔

段现银　郑　翠　马　晋　黄　潇　唐　科　陈　文

彭　兆　程　鹏　应之歌　张　诚　黄　丰　李　兢

霍　肖　史晓亮　胡伟康　陈含德　邹方利　徐　凯

汪　峰

秘　书：余伯仲

前　　言

　　高校工程训练实践课程是培养学生工程实践能力和创新能力的重要环节。目前,在传统机械加工基础上发展起来的数控技术实践教学越来越受到各高校的重视。"数控铣削加工"是工程训练实践教学中重要的实践环节,通过学习"数控铣削加工"的内容,锻炼学生的创新和实践能力,帮助学生解决现实场景中复杂的工程实践问题。

　　本书以"数控铣削加工"的相关内容为主线,结合编者工程训练实践教学中的经验,分别就三轴和五轴数控加工的相关内容进行介绍。本书一共分为 6 章:第 1～4 章主要介绍了三轴加工中心的结构、组成与操作,加工中心夹具的种类与使用,FANUC 系统加工中心的编程等内容;第 5、6 章以配备了华中数控 HNC-848B 型数控系统的五轴加工中心为例,详细介绍了五轴数控加工过程中的对刀和编程的相关内容。

　　本书由朱雪明担任主编,孙祥仲、周乐担任副主编。朱雪明负责全书的统稿工作,并编写了第 1～3 章的内容;周乐编写了第 4 章的内容;孙祥仲编写了第 5、6 章的内容。

　　限于编者的经验及水平,书中不妥之处在所难免,恳请各位读者批评指正。

编　者

2024 年 2 月

目　　录

第1章 认识加工中心

　　加工中心是基于数控铣床发展出来的工业母机,其与数控铣床最明显的区别是具备自动换刀功能,能在一次装夹中通过在主轴上安装不同刀具实现多种加工功能。加工中心目前是世界上产量最高、应用最为广泛的数控加工设备之一,它具备加工能力强、加工效率高、加工精度高等特点,特别适合完成零件形状复杂、精度要求高的加工任务。

1.1 数控铣削机床(加工中心)的组成

1.1.1 加工中心的类型

　　根据是否配备刀库,数控铣削机床分为加工中心和数控铣床两种。常见的加工中心按照结构可分为立式和卧式两种,其刀库形式有斗笠式、圆盘式和链式等,如图 1-1 所示。其中,圆盘式和链式刀库均采用机械手实现换刀,机械手刀具交换装置如图 1-2 所示。

　　常见的加工中心多为立式加工中心(见图 1-3(a)),其具备适用范围广、稳定性好及造价相对较低等优点,常用于壳体、箱体、板类等零件的精加工,也适用于模具加工。

　　卧式加工中心如图 1-3(b)所示,具有高精度、高速度和高刚性等优点,广泛应用于航空、航天、汽车、模具等机械制造行业的壳体、箱体、盘类及异形零件的加工。

　　五轴加工中心是在三轴加工中心的基础上增加两个旋转轴所构建的加工设备,具有科技含量高、精密度高的特点,在复杂曲面的高效、精密、自动化加工方面,有着三轴加工中心无法达到的优势,在航空、航天、军事等行业中有着举足轻重的

（a）斗笠式刀库　　　　　　　　　　　　　（b）圆盘式刀库

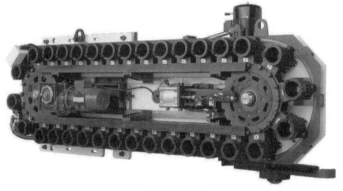

（c）链式刀库

图 1-1　加工中心刀库形式

图 1-2　机械手刀具交换装置

（a）立式加工中心   （b）卧式加工中心

图 1-3 加工中心

影响力,是解决大型薄壁零件、整体叶轮、涡轮机叶片与模具加工问题的关键设备,能极大地提高加工效率、生产能力和加工质量,缩短加工周期,降低加工成本。它集计算机、高性能伺服驱动和精密加工技术于一体,应用于复杂曲面的加工。

从力学理论上讲,加工任意的零件,刀具相对于工件最少需要五个独立的自由度。从刚体运动几何的视角来分析,一个刚体在空间具有六个自由度,即刀具和被加工工件共需要十二个自由度。考虑到刀具和工件之间相同的平移或转动自由度可以合并,故刀具相对于工件具有六个独立的自由度。考虑到实际的加工场景,刀具与被加工件在加工路径上是相切接触,即刀具刀尖中心点与被加工工件的距离被加工刀路所约束,因此刀具相对于被加工工件至少具有五个独立的自由度。

根据自由度类型,五轴加工中心有四种组合类型:

(1) 三个平移自由度＋二个转动自由度;

(2) 二个平移自由度＋三个转动自由度;

(3) 一个平移自由度＋四个转动自由度;

(4) 五个转动自由度。

其中,类型(1)和(2)应用较广泛,双转台式和双摆头式五轴加工中心大量应用在机加工中。

1.1.2 加工中心的主要组成部分

加工中心结构如图 1-4 所示。加工中心主要由机械本体(工作台、主轴箱、刀库等)、数控系统(电气控制柜、操作面板)和辅助装置(气压阀、润滑油泵等)组成。

拓展阅读
(五轴数控机床
机构组成与
主要运动副)

（a）加工中心正面结构

（b）电气控制柜

（c）润滑油泵

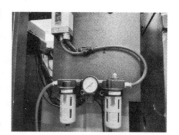

（d）空气滤芯、气压阀、油雾器

图 1-4 加工中心结构

1.2 加工中心的日常维护与保养

加工中心是机械加工产业中基于机电一体化技术的典型设备，它将电子信息、自动化控制、计算机、机械加工等技术集于一体，具有高精度、高效率和高适应性的特点。

要保证加工中心的使用效率，就必须对设备使用的稳定性和可靠性提出要求。对加工中心进行维护保养的目的就是要减少机床的磨损，提高机床的运行精度，延长元器件的使用寿命，保证数控机床可长时间稳定运行。

拓展阅读
（五轴机床维护）

加工中心的日常保养需进行科学管理,针对维护与保养各方面有计划、有目的地制定相应规章制度,并严格遵守。同时,对于在维保过程中发现的问题须及时排除,避免增加停机时间、增加设备使用率。图1-5为某加工中心定期保养的项目表。

设备名称：		年 月																															
类别	保养项目	保养日期																															
		1	2	3	4	5	6	7	8	9	10	11	12	13	14	15	16	17	18	19	20	21	22	23	24	25	26	27	28	29	30	31
日保	机身内外清洁、防锈																															
	切削液容量检查,不足时添加																															
	用油单元油量检查,不足时添加																															
	操作前面板干燥清洁																															
	气压检查																															
	油压卡头添加黄油																															
	检查排屑机马达润滑油是否正常																															
	清洁排屑机及防护罩内积屑																															
周保	清洗热交换器过滤网																															
	清洗切削液水槽过滤网																															
	清洁二轴行程开关																															
	清洁机床各电机																															
	清理导轨旁污物																															
月保	清洁油压单元滤油网																															
	检查润滑油打油是否正常																															
	清理切削液水箱杂物(或更换)																															
	检查滑道刮片和机床是否水平																															
保养人签名																																	
复核人签名																																	
备注																																	

图1-5 加工中心定期保养项目表

1. 加工中心维护与保养时的注意事项

(1)执行维保工作前,务必断开主电源并按下紧急停止开关。

(2)为保证加工中心的运行效率,所有维保计划需按时进行。

(3)不要用压缩空气清理数控机床,这样会导致油污、切屑或灰尘侵入机床内部或堆积在导轨上,致使机床损坏。

(4)加工车间飘浮的灰尘、油雾和金属粉尘落在电气控制柜上容易造成元器件间的电阻下降,从而出现故障。因此,除定期维保外,尽量避免频繁开关机床电气控制柜门。

2. 加工中心安全操作规程

(1)实习时穿戴好防护用具,戴好安全帽。

(2)操作机床时严禁戴手套。

(3)必须等到机床主轴停止转动方能取拿、测量工件。

（4）机床运转中，操作者不得离开岗位，发现机床异常现象立即停车。

（5）加工中发生问题时，请按重置键"RESET"使系统复位。紧急时可按紧急停止按钮来停止机床，在恢复正常后，务必使各轴再复归机械原点。

（6）未经指导老师同意不得私自开机。请勿更改 CNC 系统参数或进行任何参数设定。

1.3　数控加工中心的坐标系统

1.3.1　加工中心坐标轴的命名

对于加工中心的坐标轴命名，我国制定了标准《工业自动化系统与集成　机床数值控制坐标系和运动命名》（GB/T 19660—2005）。本标准规定所有数控加工机床的坐标系统采用右手笛卡儿坐标系进行命名，分别用 X、Y、Z 轴表示机床直线进给坐标轴，其中大拇指的指向为 X 轴正方向，食指指向为 Y 轴正方向，中指指向为 Z 轴正方向。除三个直线坐标轴外，将绕 X 轴旋转的旋转轴定义为 A 轴，绕 Y 轴旋转的旋转轴定义为 B 轴，绕 Z 轴旋转的旋转轴定义为 C 轴，如图 1-6 所示。

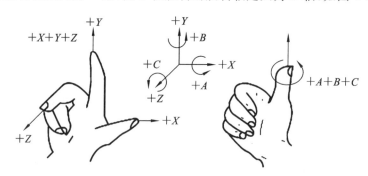

图 1-6　加工中心坐标轴

1.3.2　多轴与五轴加工概述

普通加工中心仅具备 X、Y、Z 三个坐标轴，可实现三轴联动加工，三轴联动加工已能满足大部分的零件加工需求,但某些复杂零件加工仍需要通过调整夹具完成。而多轴联动加工中心通常是指具备四轴或四轴以上联动加工功能的数控加工设备,相对于三轴联动加工,多轴联动加工技术在同等装夹条件的前提下可实现零件更多角度的加工,减少工件安装次数与夹具制作。五轴联动加工技术是多轴加工中的典型核心技术,采用五轴联动加工技术在模具制造中可直接完成复杂零件的加工,而不需要另外调整夹具。多轴联动加工技术广泛应用于航空、航天、船舶、大型模具制造等领域,是复杂零件型面精密制造的重要手段之一。图 1-7 为五轴机床加工的典型零件。

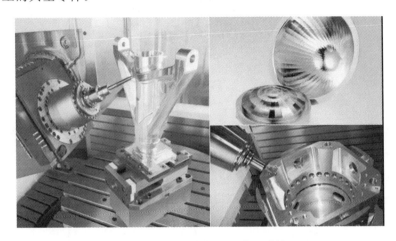

图 1-7   五轴机床加工的典型零件

1.3.3   加工中心的坐标系

1. 机床坐标系

机床坐标系是数控加工设备上的基本坐标系(见图 1-8),机床坐标系的原点称为机械原点或零点,这个原点位置由机床生产商在设备出厂时设置,不能随意更改。通常加工中心在接通电源后需要返回机床坐标系原点(也称为"回零"),这是因为在数控机床断电后就失去了相对机床坐标系原点的坐标值,所以数控机床接通电源后,需要让各运动轴返回原点以建立机床坐标系(配备绝对编码器的数控机床不需要开机返回坐标原点)。

机床坐标系不作为编程使用,通常用它来确定工件坐标系,即通过所谓的"对刀",确定工件坐标系相对于机床坐标系的偏差值。

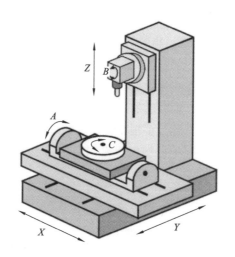

图 1-8　典型加工中心的坐标系统

2. 工件坐标系

工件坐标系是用来确定工件几何形体上各方向尺寸位置而设置的坐标系，如图 1-9 所示，工件坐标系的原点即工件原点。工件原点的位置可以任意设置，它一般由编程人员依据加工工艺及零件外形特点设定。考虑到编程的便捷性，工件坐标系中各轴的方向应该与所使用的数控机床坐标轴的一致。

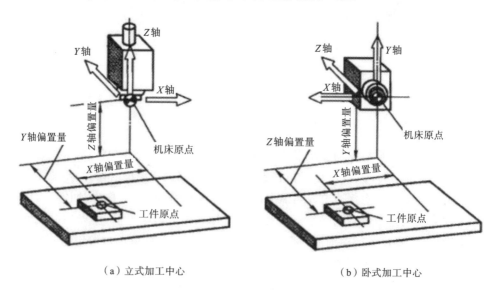

（a）立式加工中心　　　　　　　（b）卧式加工中心

图 1-9　工件坐标系与机床坐标系的关系

　　当工件装夹到工作台后,通过"对刀"操作确定工件坐标系原点相对于机床坐标系原点的偏差值,然后将偏差值设定到 G54 等寄存器中,加工时通过调用不同工件坐标系原点值实现不同零件的工件坐标系的切换。

习题与练习

概念题

(1) 按照刀库结构,加工中心可以分为哪几类?

(2) 五轴加工中心有哪四种组合类型?

(3) 加工中心由哪些部分组成?

(4) 加工中心坐标轴的命名原则是什么?

第2章 加工中心夹具的种类与使用

机床夹具是机床上用以装夹工件和引导刀具的一种装置,常为某一工件的某道工序而专门设计,其特点是结构紧凑,操作迅速、方便、省力,可以保证较高的加工精度和生产效率,但设计制造周期较长、制造费用也较高。夹具与工件的定位基准相接触,以确定工件在夹具中的正确位置,从而保证加工时工件相对于刀具和机床的正确位置。

2.1 工件的装夹与找正

为保证工件的加工精度,在装夹工件时需要使用夹具。夹具具有定位和夹紧两大功能,夹具的调整可使工件与刀具的相对运动符合加工精度要求即工件的找正。

1. 定位的分类与方式

工件定位的实质就是要限制对加工产生不良影响的自由度。一个工件的六个自由度都被限制了,称为完全定位;限制部分自由度的定位,称为不完全定位;根据零件加工要求,当夹具未满足应该限制的自由度数目时,称为欠定位。如果工件的同一自由度被多于一个的定位元件限制,称为过定位。在工件定位时,应当避免产生欠定位或过定位。

拓展阅读
(定位分析与
夹具设计)

工件常用的定位方式有:以平面定位、以圆柱孔定位和以外圆柱面定位,它们的适用范围和定位特点见表2-1。

2. 工件的夹紧

夹紧是工件装夹过程中的重要步骤。工件定位后,必须通过夹紧机构使工件保持正确的定位位置,并保证在切削力等外力的作用下,工件不产生位移或振动。

表 2-1　工件定位方式

定位方式	适用范围	定位特点
平面	箱体、机座、支架等零件加工	以平面为主要定位基准
圆柱孔	盘类、套类零件加工	以定位心轴来定位,以保证加工表面对内孔的同轴度
外圆柱面	盘类、套类、轴类零件加工	以外圆柱面定位

工件在夹紧时应满足以下要求。

（1）夹紧过程可靠:夹紧过程中不影响工件在夹具中的正确位置。

（2）夹紧力的大小适当:夹紧后的工件变形和表面压伤程度必须在加工精度允许的范围内。

（3）结构性好:结构力求简单、紧凑,便于制造和维修。

（4）使用性好:夹紧动作迅速,操作方便,安全省力。

确定夹紧力包括确定其大小、方向和作用点。夹紧力的作用点应选在工件刚性较好的部位,适当靠近加工表面;夹紧力的方向不应破坏工件的定位,应与工件刚度最大的方向一致,尽量与切削力、重力方向一致;夹紧力大小一般通过类比法或经验法确定。

2.2　工件的安装

2.2.1　使用机用虎钳安装工件

机用虎钳(见图 2-1)适用于中小尺寸和形状规则的工件安装。它是一种通用夹具,一般有非旋转式和旋转式两种。前者刚性较好,后者底座上有一刻度盘,能够把机用虎钳转成任意角度。

（1）基本结构:机用虎钳的结构如图 2-2 所示,机用虎钳的规格见表 2-2。其他机用虎钳结构图如图 2-3 所示。

（2）机用虎钳的安装:虎钳的固定端内平面及导轨上平面为定位面,安装时应确保定位面与工作台上平面之间的垂直度和平行度。

图 2-1　机用虎钳

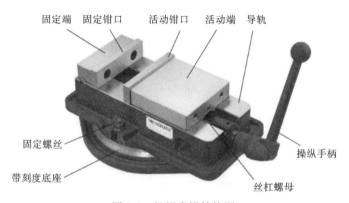

图 2-2　机用虎钳结构图

表 2-2　机用虎钳的规格

产品规格	尺寸/mm					
钳口宽度	100	125	136	160	200	250
钳口最大张开量	80	100	110	125	160	200
钳口高度	38	44	36	50	60	56
定位键宽度	14	14	12	18	18	18

　　根据夹持零件形状的不同,虎钳的钳口可以制成不同形式,而钳口形式的变换也扩大了虎钳的使用范围。

　　(3)使用机用虎钳的注意事项:虎钳在夹紧过程中,切勿使用加力杆、套管等工

（a）精密液压虎钳　　　　　　　　　（b）快动精密虎钳

（c）可倾斜虎钳　　　　　　　　　（d）精密正弦快动虎钳

图 2-3　其他机用虎钳结构图

具施力，防止夹紧力超出许用范围造成虎钳损坏。虎钳的使用方式如图 2-4 所示。

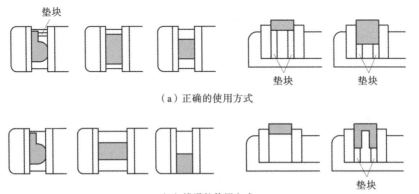

（a）正确的使用方式

（b）错误的使用方式

图 2-4　虎钳的使用方式

2.2.2 直接在工作台上安装工件

1. 装夹形式

对于体积较大,不方便使用虎钳装夹的工件,可直接压装在工作台上,用压板夹紧(见图2-5)。

图 2-5　直接在工作台上安装工件

1—可调垫块;2—工件垫块;3—压板;4—压紧螺栓;5—T形块;6—工作台;7—工件;8—垫片

2. 装夹附件

(1)压板和压紧螺栓:根据工件形状的不同,压板形式也多种多样,压板在固定时需要配合压紧螺栓使用,如图2-6(a)所示。

(2)阶梯垫块:为配合压紧不同高度的工件,需使用阶梯垫块,工作时压板一头压在工件上,另一头压在阶梯垫块上,如图2-6(b)所示。

(3)平行垫铁:平行垫铁是一组相同尺寸的长方形/条形垫铁,具有较高平行度和表面粗糙度,用来托垫工件的已加工表面。平行垫铁往往成对使用,如图2-6(c)所示。

(4)V形块:V形块用碳钢或铸铁制成,V形面的内角为90°或120°,各表面均经过表面硬化处理,且通过磨削修整保证使用精度。一般在对圆柱形工件进行装夹时使用V形块,如图2-6(d)所示。

3. 装夹时的注意事项

(1)工作台面与工件底面需清洁干净,避免划伤台面。

(2)避免在已加工的面上安装压板,如确有必要,需在压板和工件表面间放置垫片(铜箔等)。

(3)压板安装时要考虑刀具运行轨迹,不得与刀具发生干涉。支撑压板的支承

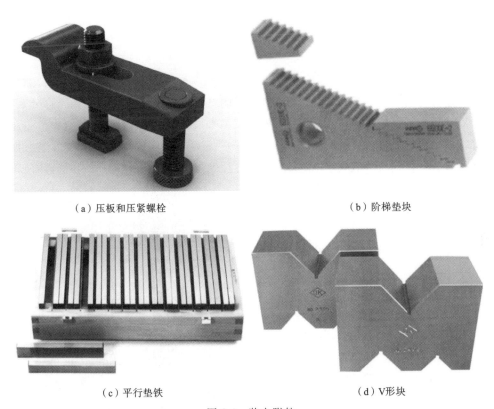

（a）压板和压紧螺栓　　　　　　　　　（b）阶梯垫块

（c）平行垫铁　　　　　　　　　　（d）V形块

图 2-6　装夹附件

块高度要与工件相同或略高于工件,压紧螺栓应尽量靠近工件,以便增大压紧力。

（4）压板螺母须紧固到位,如果加工过程中螺母松脱,轻则工件移动、报废,重则设备损坏,甚至发生事故。

2.3　工件的定位

2.3.1　定位量具

使用前述方法装夹工件后,工件须进行定位校正后方可夹紧,工件的校正一般使用百分表与磁力表座配合完成,如图 2-7 所示。

2.3.2 校正方法

根据工件需要,可先将磁力表座吸附在机床主轴、导轨面等金属表面上,然后将百分表安装在表座接杆上,其安装形式如图 2-8 所示。如使用的是普通百分表,测量时测头轴线与被测平面垂直,测头与被测平面接触后,移动机床使侧头产生压力。移动机床工作台,校正被测平面相对于机床运动方向的平行度或平面度。如使用的是杠杆式百分表,使用时应注意杠杆测头与被测平面须成 15°夹角,其使用方法同普通百分表。

图 2-7 百分表与磁力表座

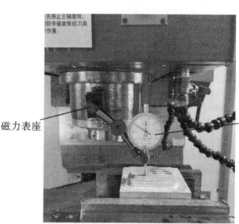

图 2-8 磁力表座测量使用图片

习题与练习

概念题

(1) 在什么状态下工件可以实现完全定位?

(2) 工件装夹过程中应当如何避免过定位的发生?

(3) 在使用过程中为避免损坏机用虎钳,应当注意哪些问题?

(4) 使用压板装夹工件时,在必要时,可在压板和工件上放置什么?

(5) 试描述使用普通磁力表座校正工件的方法。

第3章 三轴加工中心的 FANUC Series 0i-MD 操作系统

数控系统是数字控制系统(numerical control system)的简称,是根据计算机存储器中存储的控制程序,执行部分或全部数字控制功能,并配有接口电路和伺服驱动装置的专用计算机系统。数控系统通过由数字、文字和符号组成的数字指令来实现一台或多台机械设备动作控制,它所控制的通常是位置、角度、速度等,其灵活性、通用性、可靠性好,易于实现复杂的数控功能,使用、维护也方便,并具有与网络连接和远程通信的功能。

3.1 FANUC Series 0i-MD 系统介绍

FANUC Series 0i-MD 系统于 2013 年面世,相对于较早的数控系统,其具备最高 8 轴控制、双主轴、四轴联动等新功能,如图 3-1 所示。

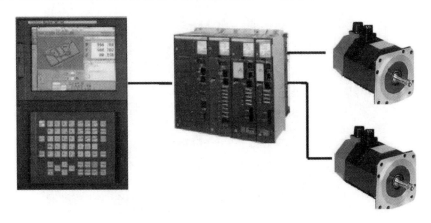

图 3-1 加工中心数控系统

3.1.1　FANUC Series 0i-MD 系统的操作面板

操作面板是操作者与机床进行交流的主要界面,操作面板根据需要可以进行定制。加工中心操作面板一般由两部分组成。一是数控系统操作面板,主要具备系统控制、程序输入等功能,一般配备有显示器和 MDI 面板。二是机床操作面板,机床操作面板主要实现机床的直接控制功能,一般由机床厂家定制。图 3-2 所示为显示器与 MDI 面板;图 3-3 所示为机床操作面板;图 3-4 所示为手轮脉冲发生器操作面板。

图 3-2　显示器与 MDI 面板

图 3-3　机床操作面板

图 3-4　手轮脉冲发生器操作面板

3.1.2　显示器与 MDI 面板

FANUC Series 0i-MD 系统中显示器与 MDI(手动输入模式)面板采用集成式结构,由一个 8.4 in(英寸)全彩 LCD 显示屏和一个 MDI 键盘组合而成。各按键功能释义如表 3-1 所示。

表 3-1　MDI 面板各功能键释义

按键	名称	功能释义
A~Z	字符输入键	按下这些键,完成字母、数字及运算符的输入
Shift	键盘转换键	按下此键,对话框将出现上标符号,再按下"字符输入键",则会对应显示右下角的字符
EOB	段结束符键	编程时用于区分每一段代码,用结束符";"表示
POS	位置键	用于显示当前的加工信息及刀具的相对或绝对坐标位置
PROG	程序键	在 EDIT/MDI 方式下,显示程序信息,进入程序输入或编辑状态
OFS/SET	补偿参数设定键	设置刀具半径、刀具长度补偿值,设定与显示工件坐标系参数
SYSTEM	系统参数键	按此键设置系统参数等
MESSAGE	报警信息键	显示机床报警的报警号与报警信息

续表

按键	名称	功能释义
CSTM/GR	图像显示键	显示当前运行程序的刀具运行轨迹图
INSERT	插入键	编程时可在程序中插入字符
ALTER	替换键	编程时可在程序中替换已输入的字符
CAN	回退键	编程时可回退清除已输入的字符
DELETE	删除键	编程时可用于删除已输入的字符或在程序目录中删除程序
INPUT	输入键	NC 系统输入参数时必须按下 INPUT 键确认输入。另外，与外部设备通信时，按下 INPUT 键后数据开始进行传输
RESET	复位键	当要取消 NC 系统报警，或退出自动运行程序时按下此键
PAGE	界面切换键	用于 LCD 显示屏选择不同的界面
十字键	十字光标键	在 LCD 显示屏上控制光标移动
HELP	帮助键	获得系统帮助
功能键	屏幕功能键	根据屏幕上对应位置信息，可进入相应的功能界面

3.1.3 机床操作面板的旋钮/按钮功能

根据机床厂家不同，各机床操作面板布局略有不同，但主要功能基本类似，本节主要就机床操作面板的各旋钮功能进行介绍。

1. 运行模式选择旋钮

加工中心可根据需要运行在不同模式下，运行模式选择旋钮如图 3-5 所示，各模式释义见表 3-2。

图 3-5　运行模式选择旋钮

表 3-2　运行模式释义

模式	名称	功能释义
AUTO	自动模式	配合循环启动键自动执行 NC 中的加工程序
EDIT	编辑模式	此模式下可对 NC 中的加工程序进行编辑
MDI	手动输入模式	此模式下可直接使用程序代码控制机床运动,需注意此模式下代码存储在 NC 系统的 RAM 中,运行完成后将自动删除
DNC	在线加工模式	可直接调用存储卡中的加工程序或者通过 RS232 接口和网线接口与外部计算机通信
MPG	手轮模式	此模式下手轮脉冲发生器生效
JOG	手动进给模式	此模式下,各轴进给按钮生效,进给速度为 NC 系统速度乘以手动进给倍率。如果按下"RAPID(快速移动)"按钮,则叠加快速进给倍率
ZERO	返回参考点模式	此模式下,按动各轴正向进给按钮,加工中心各轴将返回机床坐标系原点

2. 手动进给倍率旋钮

在手动进给或自动加工过程中,调节手动进给倍率旋钮可在线调整各轴移动的实际速度,如图 3-6 所示。在自动运行过程中,各轴实际移动速度为内圈对应数值的百分数乘以程序中的进给速度 F。

图 3-6　手动进给倍率旋钮

3. 手轮脉冲发生器旋钮

在手轮模式下,手轮脉冲发生器生效,操作时先选择各坐标轴和进给倍率($\times$1、$\times$10、$\times$100),如图 3-7 所示,然后转动手轮脉冲发生器旋钮驱动各轴移动,如图

3-8所示,注意顺时针方向为轴的正方向,逆时针方向为轴的负方向。

图 3-7　坐标轴选择与倍率旋钮

图 3-8　手轮脉冲发生器旋钮

4. 快速移动(RAPID)速率倍率按钮

当在手动进给或自动运行状态下需要进行快速移动时,可使用快速移动速率倍率按钮调整快速移动的实际速度,具体见表3-3。

表 3-3　快速移动速率倍率按钮释义

按钮	0	25	50	100
速度/(m/min)	0	5	10	20
使用条件	手动进给时:快速移动、返回参考点 自动运行时:G00、G28、G30			

5. 主轴转速倍率旋钮

在手动进给或自动加工过程中,调节主轴转速倍率旋钮可在线调整主轴旋转的实际转速。主轴的实际转速等于编程时设定的转速 S 乘以外圈上对应值的百分数。

6. 进给轴选择按钮

在手动进给模式下,按动各进给轴选择按钮则可驱动各轴以手动进给倍率的速度进行移动,松开则停止移动,如图3-9所示。如同时按下多个进给轴选择按钮可实现各进给轴的合成运动,如同时按下快速移动(RAPID)按钮,则各轴实际移动速度为此时激活的快速移动(RAPID)速率乘以手动进给倍率的速度。

7. 急停按钮

设备运转过程中如遇突发紧急情况,应立即按下急停按钮(见图3-10),当急停按钮按下后加工中心将立即停止所有动作。顺时针旋转急停按钮将解除急停状

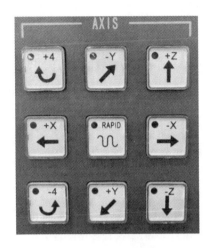

图 3-9 进给轴选择按钮

图 3-10 急停按钮

态,加工中心此时进入待机状态。

8. 其他

操作面板其余功能键释义如表 3-4 所示。

表 3-4 操作面板其余功能键释义

按 键	名 称	功 能 释 义
CYCLE START	循环启动	在手动输入模式和自动模式下,按下此键加工中心将从当前程序行开始执行程序
FEED HOLD	进给保持	在手动输入模式和自动模式下,当加工中心在执行程序时,按下此按钮设备将在当前程序行暂停,再次按下循环启动按钮设备将继续执行程序
SINGLE BLOCK	单段运行	按下按钮,当指示灯亮时功能激活,自动运行的程序将按照每行程序段单段运行;指示灯灭时机床恢复连续执行程序状态
DRY RUN	空运行开关	按下按钮,当指示灯亮时功能激活,以手动进给倍率开关所选择的进给速度驱动机床运动;指示灯灭时机床以程序所设定的进给速度运行
OPTION STOP	选择停止开关	按下按钮,当指示灯亮时功能激活,程序中 M01 指令有效,当 M01 指令被执行时加工中心停止运行;指示灯灭时机床程序中的 M01 指令失效

按 键	名 称	功 能 释 义
BLOCK SKIP	程序段跳过开关	按下按钮,当指示灯亮时功能激活,当程序运行到加"/"的程序段时将直接跳过,指示灯灭时程序运行过程不会跳过程序段
PROGRAM RESTART	程序再启动	按下按钮,当指示灯亮时功能激活,程序再启动功能生效,指示灯灭时程序再启动功能失效
AUX LOCK	辅助功能锁定开关	按下按钮,当指示灯亮时功能激活,机床辅助功能 M、S、T 等失效
MACHINE LOCK	机床闭锁开关	按下按钮,当指示灯亮时功能激活,机床各运动轴锁定,无法移动,但运行程序时系统坐标值仍会显示变化
Z AXS CANCEL	Z 轴闭锁开关	按下按钮,当指示灯亮时功能激活,自动运行时 Z 轴被锁定,无法移动
TEACH	示教功能开关	按下按钮,当指示灯亮时功能激活,可在手动进给时编写程序
MAN ABS	手动绝对值开关	按下按钮,当指示灯亮时功能激活,手动操作时,各轴移动增量进入绝对值中,指示灯灭时手动操作各轴,移动增量不进入绝对值中
F1～F5	风冷开关	按下 F1 按钮,当指示灯亮时功能激活,风冷开;指示灯灭时,风冷关。F2～F5 为备用按钮
CHIP CW/CCW	排削器正、反向工作开关	按下按钮,当指示灯亮时功能激活,排削螺杆工作;指示灯灭时,排削螺杆不工作
CLANT A、B	切削液工作开关	按下按钮,当指示灯亮时功能激活,切削液流出;指示灯灭时,切削液停止流动
ATC CW/CCW	刀库正、反向工作开关	按下按钮,当指示灯亮时功能激活,刀库转动;指示灯灭时,刀库不动作
M30	自动断电	按下按钮,当指示灯亮时功能激活,程序执行到 M30 语句时机床自动断电
WORK LIGHT	工作灯开关	按下按钮,当指示灯亮时功能激活,工作灯亮;指示灯灭时,工作灯熄灭

续表

按　键	名　称	功　能　释　义
NEUTRAL	主轴手动齿轮换挡	保留功能选项
HOME START	原点复位开关	返回参考点(REF)模式下可用
0. TRAVEL	超程解除开关	按下按钮,当指示灯亮时功能激活,解除各轴运动超程引起的报警
SPD CW/CCW	主轴正、反转开关	按下按钮,当指示灯亮时功能激活,主轴进行旋转
SPD STOP	主轴停止开关	按下按钮,当指示灯亮时功能激活,主轴停止旋转
SPD ORI	主轴定向	按下按钮,当指示灯亮时功能激活,主轴返回定向位置
POWER ON/OFF	数控系统电源开关	系统上电/断电开关
PROGRAM	写保护开关	旋钮旋至"I"则允许修改程序及系统参数,旋钮旋至"O"则禁止修改程序及系统参数

3.2　开机、返回参考点及关机操作

拓展阅读
(五轴机床开
关机、回零
和 MDI 操作)

3.2.1　开机操作

开机操作步骤如下。

(1) 按照安全操作规程对工作环境进行检查。

(2) 检查压缩空气压力值,待压力值达标后开启加工中心机床电源。

(3) 按下 POWER ON 按钮,系统将启动自检。自检完成且系统无故障,显示器将出现绝对坐标显示界面(见图 3-11),如系统存在错误,显示器可能出现报警信息显示界面(见图 3-12)。

(4) 如果提示急停开关已按下,则顺时针旋转急停开关,使数控系统进入复位状态。

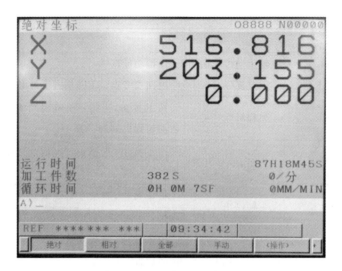

图 3-11　绝对坐标显示界面

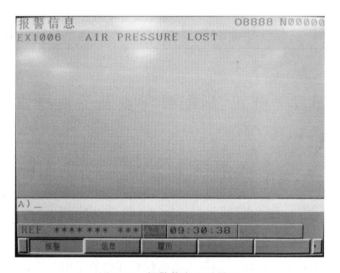

图 3-12　报警信息显示界面

3.2.2　返回参考点操作

(1) 在模式选择方式选择"返回参考点模式"。

(2) 在各进给轴选择按钮分别按照 Z+、X+、Y+ 的方向返回各轴正方向原点,返回原点以各轴参考点的指示灯亮起为标准。

(3) 加工中心返回参考点后,为便于工件装夹等操作,可在模式选择方式选择"JOG 手动模式",分别按照 Y－、X－、Z－的方向远离参考点。

3.2.3　关机操作

关机操作步骤如下。

(1) 取出已加工好的工件,清理夹具及床身上的切屑,启动排屑器将切屑排出。

(2) 如果长时间不使用机床,取下刀库及主轴上的刀柄。

(3) 将主轴及工作台悬停在合适位置。

(4) 按下急停按钮,切断数控系统电源。

(5) 关闭加工中心主电源。

3.3　对刀、设定工件坐标系及刀具补偿设置

使用一定的方法将建立工件坐标系原点与机床坐标系原点之间的联系,称为"对刀"。

1. 用铣刀对刀

如图 3-13 所示,将工件坐标系设定在工件上顶面的几何中心,详细操作步骤如下。

拓展阅读
(对刀操作与
工件坐标系
的确定)

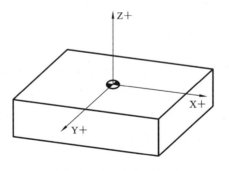

图 3-13　对刀中心示意图

(1) 首先用刀具轻触工件左端面,并记下相应 X 坐标值,记为 X_1。然后用刀

具轻触工件右端面,并记下相应 X 坐标值,记为 X_2。计算出$(X_1+X_2)/2＝X$。

（2）点击"零点偏置"下方的按键。

（3）使用光标键移动光标,将光标定位到需要输入数据（G54 坐标系对应的 X 坐标）的位置。光标所在区域用白色高光显示。

（4）点击数控系统面板上的数字键,输入数值（第（1）步中的 X 计算值）。

（5）点击输入键确认。

（6）同理输入 Y 坐标值（分别用刀具轻触工件上、下端面后计算 Y 值）。

（7）用刀具轻触工件上顶面后记录下 Z 坐标值,并输入"零点偏置"对话框中 G54 坐标系对应的 Z 坐标。

（8）输入完成后,在 MDI 方式下输入"G54G00X0Y0Z50"进行验证。

2. 工件坐标系原点 Z_0 的设定与刀具长度补偿量的设置

在实际加工中,工件坐标系的原点 Z_0 一般取在工件的上表面。但在具体操作中,Z_0 的设定一般会有两种方法。

方法一：直接将工件坐标系原点 Z_0 设定在工件的上表面。

方法二：将工件坐标系原点 Z_0 同机床坐标系原点 Z_0 重合,在设置 G54 等工作坐标系时,Z 值设定为 0。

对于第一种方法,必须选择一把刀具为基准刀具,其他刀具通过与基准刀具的比较确定其长度补偿值。但此方法在基准刀具和其他刀具出现磨损的情况下,较难重新确定长度补偿值,因此在实际加工中较少采用此种对刀方法。

对于第二种方法,不设定基准刀具,每把刀具都以机床坐标系原点为基准。通过测量刀具在机床坐标系中所处的位置到工件表面之间的 Z 轴距离来确定刀具的长度补偿值,刀具设定长度补偿值后的编程原点与工件坐标系原点重合。

确定长度补偿值的具体操作方法如下。

（1）用 Z 轴设定器。

① 把 Z 轴设定器校准后放置在工件的水平表面上,同时在主轴上装入已装夹好的刀具,移动 X、Y 轴,使刀具尽可能处在 Z 轴设定器中心的上方。

② 将已经装上刀具的 Z 轴向下移动,刀具压下 Z 轴设定器圆柱台,使指针指到调整好的"0"位（机械式 Z 轴设定器）或触发蜂鸣器鸣响（电子式 Z 轴设定器）。

③ 记录刀具触发 Z 轴设定器时的 Z 轴坐标值,然后依照计算公式：刀具长度设定值＝Z 轴坐标值－Z 轴设定器高度,将刀具长度设定值输入刀具的刀长补偿

中。如图 3-14 所示，假设 Z 轴设定器高度为 50 mm，T_1 的刀具长度设定值为 −354.42 mm（−304.42 mm−50 mm＝−354.42 mm）。

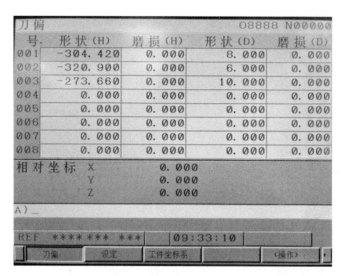

图 3-14　使用 Z 轴设定器确定刀具长度设定值

（2）直接使用刀具。

① 将塞尺（或其他等高量块）放置在工件的水平表面上，同时在主轴上装入已装夹好的刀具，移动 X、Y 轴，使刀具尽可能处在塞尺中心的上方。

② 将已经装上刀具的 Z 轴向下移动，使刀具同塞尺接触，接触过程中可边移动 Z 轴边抽动塞尺，待塞尺无法移动后记录此时的 Z 轴坐标值。然后依照计算公式：刀具长度设定值＝Z 轴坐标值−塞尺厚度，将刀具长度设定值输入刀具的刀长补偿中。如图 3-14 所示，假设塞尺厚度为 10 mm，T_2 的刀具长度设定值为 −330.9 mm（−320.9 mm−10 mm＝−330.9 mm）。

3. 刀具半径补偿及磨损补偿的设置

由于数控系统具有刀具半径自动补偿功能，所以加工程序只需要按照工件的实际轮廓尺寸编制，将刀具半径补偿量设置在数控系统中相对应的位置即可。刀具在切削过程中，切削刃会出现磨损导致刀具直径变小，最后会出现零件外轮廓尺寸偏大、内轮廓尺寸偏小的情况，此时可通过设置刀具磨损量，然后再精铣轮廓，达到所需的加工尺寸。

刀具半径补偿及磨损补偿的设置操作方法如下：

进入图 3-14 的界面,在每把刀具对应的"形状(D)"下,输入刀具的半径补偿量;在"磨损(D)"下,输入刀具的磨损量。图中 T_1 半径=8 mm,T_2 半径=6 mm,T_3 半径=10 mm。

3.4 MDI 及自动运行操作

3.4.1 MDI 运行操作

在 MDI 模式下,通过 MDI 面板可以编制最多 10 行(10 个程序段)的程序段并被执行,执行过程中不要求编制程序头和程序尾。MDI 运行适用于简单的测试操作,因为程序不会存储在内存中,在输入程序段并执行完毕后会马上被清除。MDI 运行操作过程如下:

(1) 选择 MDI 工作方式,进入图 3-15 所示界面。如果没有进入此界面,按 PROG 键进入。

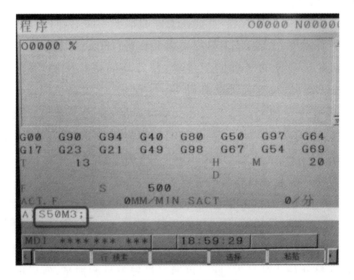

图 3-15 MDI 显示界面

（2）与常规程序的输入方法相同,输入程序段。

注意:如果输入一段程序段,则可直接按循环启动按钮执行,但输入程序段较多时,需先把光标移回到 O0000 所在的第一行,然后按循环启动按钮执行,否则从光标所在的程序段开始执行。

3.4.2　利用图形显示功能进行加工程序的校验操作

FANUC Series 0i-MD 系统具有刀具轨迹图形显示功能,加工程序中的刀具运行轨迹可以通过样条图形进行实时观测。如果发现程序中的错误,系统会及时作出报警,其操作流程如下:

（1）在编辑模式下打开或输入加工的程序。

（2）设置好工件坐标系、刀具的半径补偿量和长度补偿量。

（3）选择自动模式。

（4）按 CSTM/GR 键进入图 3-16 所示的轨迹参数设置界面 1,按 PAGE DOWN 进入图 3-17 所示的轨迹参数设置界面 2。

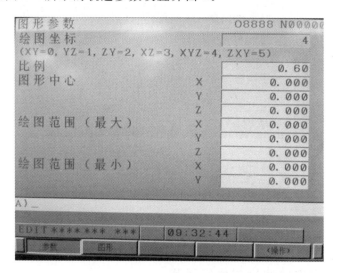

图 3-16　轨迹参数设置界面 1

（5）设置好绘图区等参数后,按执行键可进入轨迹参数设置界面 2,如图 3-17 所示。

（6）按开始键后,系统将显示刀具轨迹图形,如图 3-18 所示。

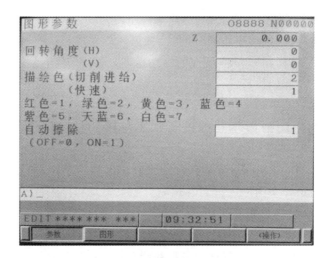

图 3-17　轨迹参数设置界面 2

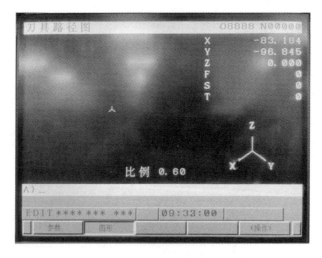

图 3-18　刀具轨迹图形界面

3.4.3　程序的调用与执行操作

编制的程序存储在数控系统的 ROM 中,当需要执行某个加工程序时,选择这个程序并按下 CYCLE START 后,程序将开始自动运行,如图 3-19 所示。具体操作如下:

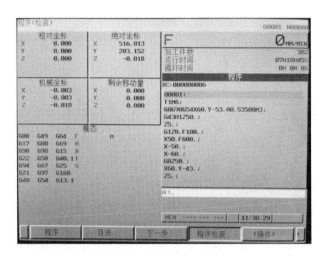

图 3-19　程序自动运行界面

（1）在编辑模式下打开或输入加工的程序。

（2）装夹好工件与刀具，设置好工件坐标系、刀的半径补偿量和长度补偿量。

（3）选择自动方式。

（4）按下 CYCLE START 按钮，加工中心将进入自动操作状态。

注意：为保证加工安全顺利进行，可以从以下几方面操作：程序开始时可以将运行模式设置为单端运行，适当调节进给倍率和主轴旋转倍率并注意观察自动运行时的程序检查界面，如有问题随时按下急停开关。

习题与练习

概念题

（1）加工中心操作面板一般由哪两部分组成？

（2）试描述急停按钮有哪些功能？

（3）加工中心自动运行模式和手动输入模式的区别是什么？

（4）加工中心返回机床参考点该如何操作？

（5）刀具长度补偿和刀具半径补偿的区别是什么？

第4章 FANUC 系统加工中心的编程

将切削加工工件的所有动作,用数字和符号根据规定的格式编写出指令,让数控机床按照指令进行运动,实现加工工件之目的,指挥数控机床运动的这些指令序列称为加工程序。编写这些指令的工作称为编程。

数控编程是数控加工准备阶段的主要内容之一,通常包括:分析零件图样,确定加工工艺过程;计算走刀轨迹,得出刀位数据;编写数控加工程序;制作控制介质;校对程序及首件试切等步骤。

4.1 编 程 概 述

数控编程有手工编程和自动编程两种方法,它是从零件图纸到获得数控加工程序的全过程。手工编程是指编程的各个阶段均由人工完成。利用一般的计算工具,通过各种三角函数计算方式,人工进行刀具轨迹的运算,并进行指令编制。这种方式比较简单,很容易掌握,适应性较大,适合非模具加工的零件。数控自动编程是在 CAD 三维造型的基础上,利用 CAM 软件,通过人机交互的方式设定相关加工工艺参数,然后自动生成数控加工程序。基于 CAM 技术的数控加工尤其适合复杂零件的加工,可显著提高加工效率和零件质量的稳定性,容易实现自动化和智能化控制。

4.1.1 加工程序的组成

一个完整的加工程序,由程序号,程序内容(程序段)和程序结束三部分组成,如图 4-1 所示。

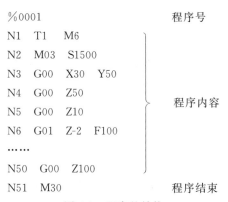

图 4-1　程序的结构

（1）程序号　在程序的开头要有程序号，以便进行程序检索。程序号是加工程序的一个编号，表示零件加工程序开始。

（2）程序内容　程序内容由许多程序段组成，每个程序段由一个或多个指令字构成。在现代数控系统中，指令字一般是由地址符和带符号或不带符号的数字组成的，这些指令字在数控系统中完成特定的功能。

（3）程序结束　程序以程序结束指令 M02、M30 或 M99 作为结束的符号，用来结束零件的加工。

4.1.2　程序段的格式

程序段格式是指在一个程序段中，字、字符和数据的书写规则。一般的书写顺序按表 4-1 所示从左往右进行书写，不需要的字以及与上一程序段相同的续效字可以不写。

表 4-1　程序段书写顺序格式

1	2	3	4	5	6	7	8	9	10
N_	G_	X_ A_	Y_ B_	Z_ C_	I_ J_ K_ R_	F_	S_	T_	M_
程序段序号	准备功能	坐标字				进给功能	主轴功能	刀具功能	辅助功能
		指令字							

4.2 准备功能 G 代码

G 代码又称为 G 功能或者称为准备功能,它是按照国际上的 ISO 标准设定的。实际上 G 代码是由机床系统设定好的。操作者只要按 G 代码表所提示的具体功能去使用就可以了。

G 代码一般为 G00～G99,在 FANUC 系统中,G 代码超过 100 种,如 G54.1、G30.1 等,这些 G 代码一般都有特定的功能,将在以后的章节予以说明。

G 代码主要分成两大类:模态 G 代码和非模态 G 代码。

4.2.1 模态 G 代码

模态 G 代码也叫连续有效 G 代码,在未指定同组其他 G 代码之前一直有效。如 G00、G01、G02、G03、G94、G97 等都是模态 G 代码,这些指令一经在程序段中指定就一直有效,直到以后程序段中出现同一组的另一个 G 代码后才失效。

例如:

G00   X50   Y0   Z20 ;

  Z0 ;

  G01   X75   Y0   F300;

  X100 ;　　　　　　　　　　　　　（此三段程序 G01 都有效）

  Y100 ;

  G02   J-100 ;　　　　　　　　　　（G01 被取消）

4.2.2 非模态 G 代码

非模态 G 代码也叫一次性 G 代码,它只在该程序段中有效,在 G 代码表中"00"组为非模态 G 代码,如 G04、G27、G28、G30。

例如,G04 X5 表示机床停顿 5 秒后取消。

4.2.3　G 代码的说明

（1）标记了"﹡"的 G 代码是开机有效的 G 代码。

（2）"00"组表示一次性有效的 G 代码。

（3）G 代码在一个程序段里不能超过 5 个。

（4）指定了 G 代码以外的代码会出现报警。

（5）在同一程序段里不能同时使用同一组群的 G 代码,如果使用了,后指令的 G 代码有效。G 代码表见表 4-2。

表 4-2　G 代码表

代码	组	意义	代码	组	意义	代码	组	意义
﹡ G00		快速点定位	G28	00	回参考点	G52	00	局部坐标系设定
G01		直线插补	G29		参考点返回	G53		机床坐标系编程
G02	01	顺圆插补	﹡ G40	09	刀径补偿取消	﹡ G54～G59	11	工件坐标系 1～6 选择
G03		逆圆插补	G41		刀径左补偿			
G33		螺纹切削	G42		刀径右补偿	G92		工件坐标系设定
G04	00	暂停延时	G43	10	刀长正补偿	G65	00	宏指令调用
G07	00	虚轴指定	G44		刀长负补偿	G73～G89	06	钻、镗循环
﹡ G11	07	单段允许	﹡ G49		刀长补偿取消			
G12		单段禁止	﹡ G50	04	缩放关	﹡ G90	13	绝对坐标编程
﹡ G17	02	XY 加工平面	G51		缩放开	G91		增量坐标编程
G18		ZX 加工平面	G24	03	镜像开	﹡ G94	14	每分钟进给方式
G19		YZ 加工平面	﹡ G25		镜像关	G95		每转进给方式
G20	08	英制单位	G68	05	旋转变换	G98	15	回初始平面
﹡ G21		公制单位	﹡ G69		旋转取消	﹡ G99		回参考平面

4.3 辅助功能 M 代码和 S、F、T 代码

M 代码又称为辅助功能代码,它是控制机床或系统的开关功能的一种命令。如主轴开、停、正转、反转、程序结束等。M 代码有 M00~M99 共 100 种,但是由于数控机床制造厂家很多,在 G 代码表和 M 代码表中有不指定功能的和永不指定功能的代码,这些都给制造厂家预留了指定专项功能的空间,以便厂家设定专项功能时使用。所以在使用 G 代码和 M 代码功能时,除按标准规定使用外,还必须根据厂家规定的功能使用。

4.3.1 常用的 M 代码

(1) M00——程序停止 程序开始执行后,当执行到 M00 时,机床将停止一切动作,再按启动按钮,机床将恢复工作,继续执行下面的程序指令。M00 一般都是单独成为一个程序段。

(2) M01——选择停止 此功能与 M00 基本相同,所不同的是由操作面板上的选择按钮来控制使用,当按钮转到开(ON)的位置,程序执行到 M01 时,机床停止。如果按钮转到关(OFF)的位置,程序执行到 M01 时,指令被忽略,机床不停止,继续执行下面的程序指令。

(3) M02—— 程序结束 此指令表示程序加工结束,系统停留在程序结束位置。如果要使系统回到程序开头,须将"模式"旋钮转到"编辑"(EDIT)上再按一下复位键(RESET)即可。

(4) M03—— 主轴正转 面对工件,主轴以顺时针旋转。

(5) M04 —— 主轴逆转 面对工件,主轴以逆时针旋转。

(6) M05—— 主轴停止 命令主轴停止转动。

(7) M06—— 交换刀具 将所需要的刀具交换到机床主轴上。

(8) M08—— 切削液开。

(9) M13—— 主轴正转和切削液开(同时进行)。

(10) M19—— 主轴定向准停 此功能主要用于交换刀具和特殊加工功能。

(11) M30——程序结束 此指令与 M02 不同的是,程序结束后,系统自动返回程序开头,以便同一程序继续加工。

（12）M98——子程序调用　当系统读到此指令时,机床执行所指定的子程序。

（13）M99——子程序结束,返回主程序　当子程序执行完毕后,必须以此指令来返回主程序,以便机床继续执行下面的程序。

4.3.2　其他辅助功能 S、F、T 代码

（1）S 代码又称为主轴转速代码,具体指令格式如下:

S200 M03 表示主轴以 200 r/min 的速度正向旋转。

用切削速度求主轴转速的公式如下:

$$S = 1000v/(\pi D) = 1000 \times 120/(3.14 \times 100) = 382 \text{（r/min）}$$

式中:　S ——主轴转速(r/min);

　　　　v ——切削速度(m/min);

　　　　π —— 圆周率(3.14);

　　　　D ——刀具直径(mm),设 $D = 100$ mm。

（2）F 代码又称为进给速度代码,表示指令刀具的进给量。

F100,表示每分钟进给 100 mm。指令刀具的进给量根据工件材料性质和其他加工数据而定。F 代码一经指定后,如未被重新指定数据,则此进给量持续有效,直到被改变为止。

（3）T 代码又称为刀具代码。T 后边的数字代表刀具的号码,当在程序段里使用 T 代码时,表示被呼叫的刀具被转至换刀位置。

4.4　绝对值指令和增量值指令

绝对值指令:用终点位置的坐标值来指令编程(即从编程零点算起)。

指令格式 G90 X__Y__Z__;

增量值指令:用当前位置与终点位置的坐标值来指令编程。

指令格式 G91 X__Y__Z__;

例如,如图 4-2 所示,空间直线移动从 A 到 B。其编程方法如下:

绝对值指令:G90 G00 Xx_b Yy_b Zz_b

增量值指令:G91 G00 X($x_b - x_a$)Y($y_b - y_a$)Z($z_b - z_a$)

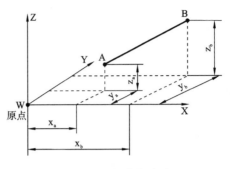

图 4-2　空间直线移动

4.5　插补指令

插补指令可按零件的轮廓编制加工运动轨迹,根据轮廓形状的差异,使用不同功能的程序指令实现插补运算。

4.5.1　G00 定位功能(快速移动)

G00 为快速移动到坐标位置,其最快速度以机械设定的为准,操作面板上的快移旋钮可以控制移动速度。

指令格式:G00 X__ Y__ Z__;

说明:

(1) G00 时,X、Y、Z 三轴同时以各轴的快进速度从当前点开始向目标点移动。一般各轴不能同时到达终点,其行走路线可能为折线。

(2) G00 时,轴移动速度不能由 F 代码来指定,只受快速修调倍率的影响。一般地,G00 代码段只能用于工件外部的空程行走,不能用于切削行程中。

4.5.2　G01 直线进给功能

G01 为直线切削至坐标值位置,其进给速度以指令的 F 值为准。

指令格式:G01 X__ Y__ Z__ F__;

说明：

（1）G01 用于切削状态，刀具切削工件走直线或斜线轨迹的代码。

（2）G01 为模态代码，并且与 G00 为同组模态代码；F 亦为模态代码。

4.5.3　G02、G03 圆弧插补功能

在三轴联动的立式加工中心，X、Y、Z 轴分别构成三个相互垂直的平面，即 XY 平面（G17 平面）、XZ 平面（G18 平面）、YZ 平面（G19 平面），具体位置如图 4-3、图 4-4 所示。

圆弧插补的格式：（G17 平面）

G02/G03X ＿ Y ＿ R ＿ I ＿ J ＿ K ＿ ；

对于 G17 平面：I 值是 X 轴从圆弧起点至圆心的矢量值，J 值是 Y 轴从圆弧起点至圆心的矢量值，K 值是 Z 轴从圆弧起点至圆心的矢量值。

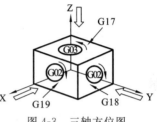

图 4-3　三轴方位图

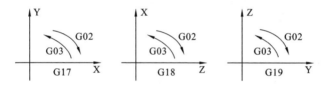

图 4-4　G17、G18、G19 平面

在 G17 平面，用 X、Y 两轴确定圆弧终点位置，用 I、J 值确定圆心位置，也可以用 R 值（圆弧半径）编程。

说明：

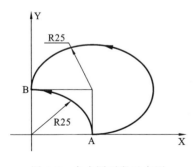

图 4-5　大小圆弧段示意图

（1）圆弧插补既可用圆弧半径 R 指令编程，也可用 I、J、K 指令编程。在同一程序段中，同时使用 I、J、K、R 指令时，R 指令优先，I、J、K 指令无效。

（2）当用 R 指令编程时，如果加工圆弧段所对的圆心角为 0°～180°，R 取正值；如果加工圆弧段所对的圆心角为 180°～360°，R 取负值。如果加工一个 360° 的整圆，则必须使用 I、J 指令。

例如，如图 4-5 所示的两段圆弧，其半径、

端点、走向都相同,但所对的圆心角不同,在程序上则表现为 R 值的正负区别。

小段圆弧:G90 G03 X 0 Y 25 R 25

大段圆弧:G90 G03 X 0 Y 25 R−25

4.6 刀具补偿功能

刀具补偿功能又称为刀具偏置功能。在加工中心上将不同长度、不同直径的刀具差值存入刀补储存器中,待加工工件时通过指令调用这些刀具偏置值,所有刀具都能按照统一的工件坐标系进行加工。

拓展阅读
(刀具长度测量
与刀具补偿)

4.6.1 刀具半径补偿指令

格式:$\begin{Bmatrix} G41 \\ G00 \end{Bmatrix} G42 \begin{Bmatrix} G40 \\ G01 \end{Bmatrix}$ X __ Y __ D __

功能:数控系统根据工件轮廓和刀具半径自动计算刀具中心轨迹,控制刀具沿刀具中心轨迹移动,加工出需要的工件轮廓,编程时避免计算复杂的刀具中心轨迹。

说明:

(1) X __ Y __ 表示刀具轨迹中建立或取消刀具半径补偿值的终点坐标,D __ 表示刀具半径补偿寄存器地址符。

(2) 如图 4-6 所示,沿刀具进刀方向看,刀具中心在零件轮廓左侧,则为刀具

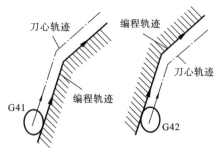

图 4-6 刀具半径补偿位置判断图

半径左补偿,用 G41 指令;沿刀具进刀方向看,刀具中心在零件轮廓右侧,则为刀具半径右补偿,用 G42 指令;G40 表示取消刀具半径补偿。

(3) 通过 G00 或 G01 运动指令建立或取消刀具半径补偿。

(4) G40 必须和 G41 或 G42 成对使用。

例如,图 4-7 所示的方形零件轮廓考虑刀补后编写的程序如下:

‰0003

N1　G54 G90 G17 G00 M03　　　由 G17 指定刀补平面

N2　G41 G00 X20.0 Y10.0 D01　　引入刀补,由 G41 确定刀补方向,由 D01 指定刀补大小

N3　G01 Y50.0 F100

N4　　　X50.0

N5　　　Y20.0 ⎬ 刀补进行中

N6　　　X10.0

N7　G00 G40 X0 Y0 M05　　　由 G40 解除刀补

N8　M30

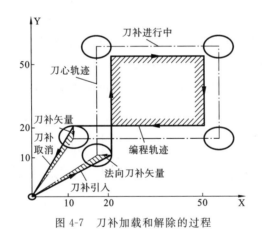

图 4-7　刀补加载和解除的过程

4.6.2　刀具长度补偿指令

格式:G43 ⎫
　　　 ⎬ Z __ H __
　　　G44 ⎭
　　　G49

功能:对刀具的长度进行补偿。当实际刀具长度与编程刀具长度不一致时,可以通过刀具长度补偿功能实现对刀具长度差值的补偿。

说明:G43 指令为刀具长度正补偿,G44 指令为刀具长度负补偿,G49 指令为取消刀具长度补偿;H 为刀具长度补偿代码,后两位数字是刀具补偿寄存器的地址符。

4.7 孔加工固定循环功能

孔加工固定循环是按一定的顺序进行钻、镗、攻螺纹等切削加工。用固定循环功能,只编写一个程序段就可以完成一个孔和多个同样孔的加工。因此简化了编程过程,节省了系统内存空间。

4.7.1 孔加工固定循环的运动与动作

对工件进行孔加工时,根据刀具的运动位置,加工循环平面可以分为 4 个平面(见图 4-8):初始平面(点)、R 平面、工件平面和孔底平面。在孔加工过程中,刀具的运动由以下 6 个动作组成(见图 4-8,图中的虚线表示快速进给,实线表示切削进给)。

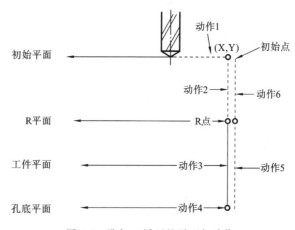

图 4-8 孔加工循环的平面与动作

动作 1：快速定位至初始点，程序中的 X、Y 表示初始点在初始平面中的位置。

动作 2：快速定位至 R 平面，即刀具自初始点快速进给到 R 平面。

动作 3：孔加工，即以切削进给的方式执行孔加工的动作（钻、镗、攻螺纹等）。

动作 4：在孔底的相应动作，包括暂停、主轴准停、刀具移位等动作。

动作 5：返回到 R 平面，即继续孔加工时刀具返回到 R 平面。

动作 6：快速返回到初始平面，即孔加工完成后返回到初始平面。

4.7.2　孔加工固定循环指令

格式：$\left\{ \begin{matrix} G90 \\ G91 \end{matrix} \right\} \left\{ \begin{matrix} G99 \\ G98 \end{matrix} \right\}$ G73~G89 X__ Y__ Z__ R__ Q__ P__ F__ L__

说明：G98、G99 为返回平面选择指令，G98 指令表示刀具返回到初始平面，G99 指令表示刀具返回到 R 平面，如图 4-8 所示。

X__ Y__ 指定加工孔的位置。

Z__ 指定孔底平面的位置。

R__ 指定 R 平面的位置。

Q__ 在 G73 或 G83 指令中定义每次进刀加工的深度。

P__ 指定刀具在孔底的暂停时间，用整数表示，单位为 ms。

F__ 指定孔加工切削进给速度，该指令为模态指令，即使取消了固定循环，在其后的加工中仍然有效。

L__ 指定孔加工的重复加工次数，执行一次时，L1 可以省略；L 指令仅在被指定的程序段中有效。

4.7.3　孔加工固定循环功能表（见表 4-3）

表 4-3　孔加工固定循环功能表

G 代码	孔加工动作 （－Z 方向）	在孔底的动作	刀具返回方式 （＋Z 方向）	用途
G73	间歇进给	—	快速退刀	高速深孔往复排屑钻
G74	切削进给	暂停→主轴正转	切削速度退刀	攻左旋螺纹
G76	切削进给	主轴定向停止→刀具移位	快速	精镗孔（不刮伤表面）

续表

G 代码	孔加工动作 （—Z 方向）	在孔底的动作	刀具返回方式 （+Z 方向）	用途
G70	—	—	—	取消固定循环
G81	切削进给	—	快速	钻孔循环
G82	切削进给	在孔底暂停	快速	镗阶梯孔
G83	间歇进给	—	快速（每次退回）	深孔往复排屑钻
G84	切削进给	暂停→主轴反转	反转进给速度退回	攻右旋螺纹
G85	切削进给	—	进给速度退回	精密镗孔
G86	切削进给	主轴停止	快速	镗孔（易刮伤为一直线）
G87	主轴定位 快速至孔底	主轴位移后正转	切削进给反镗孔	反镗孔
G88	切削进给	暂停→主轴停止	手动操作	镗孔（手动操作返回）
G89	切削进给	暂停	进给速度退回	精镗阶梯孔

4.8 综合加工实例

如图 4-9 所示零件，该零件是数控加工中的典型零件之一，其加工元素组成不外乎直线、圆弧、孔等，一般多用两轴以上联动的加工中心进行加工。

4.8.1 零件图工艺分析

根据图样分析，该零件毛坯为一圆柱棒料，将工件安装在三爪自定心卡盘上装夹，工件坐标系原点为 φ21 mm 内孔圆心处。

1. 加工步骤

（1）铣四方　选用 φ20 mm 平底刀（T_1），刀具长度补偿 H01。

（2）铣六边形　选用 φ16 mm 平底刀（T_2），刀具长度补偿 H02。

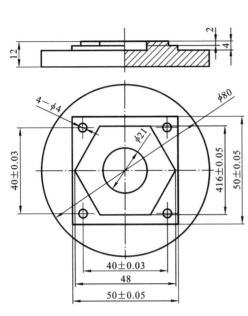

图 4-9　零件图

（3）铣内孔　选用 $\phi8$ mm 键槽铣刀（T_3），刀具长度补偿 H03。

（4）钻孔　选用 $\phi4$ mm 麻花钻（T_4），刀具长度补偿 H04。

2. 基点坐标计算

根据图样分析，需计算出图 4-10 所示六边形六个顶点的坐标值，图 4-11 为计算后所得的各点坐标。

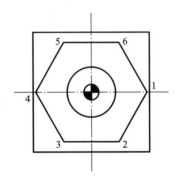

图 4-10　零件六边形点位图

顶点	X	Y
1	24	−0
2	12	−20.8
3	−12	−20.8
4	−24	0
5	−12	20.8
6	12	20.8

图 4-11　六边形顶点坐标

4.8.2　编写加工程序

%0001；	
N10 T1 M6；	ϕ20mm 平底刀,铣四方
N20 G54 G90 G0 X0 Y0 M3 S800；	建立工件坐标系
N30 G43 H01 Z50；	建立刀具长度补偿 Z 轴快速定位
N40 Z10 M8；	Z 向快速定位至安全高度,切削液开
N60 G0 X55 Y-25；	X、Y 向快速定位
N70 G1 Z-4 F200；	Z 向切入工件 4 mm 深
N80 G1 G41 X25 D1；	建立刀具半径补偿 10 mm
N90 X-25；	X 直线进给
N100 Y25；	Y 直线进给
N110 X25；	X 直线进给
N120 Y-40；	Y 直线进给
N130 G0 G40 X55；	取消刀具半径补偿
N140 G0 G49 Z100；	取消刀具长度补偿 Z 轴快速定位
N150 M5 M9；	主轴停,切削液关
N160 T2 M6；	ϕ16 mm 平底刀,铣六边形
N170 G54 G90 G0 X0 Y0 M3 S800；	建立工件坐标系
N180 G43 H02 Z50；	建立刀具长度补偿 Z 轴快速定位
N190 Z10 M8；	Z 向快速定位至安全高度,切削液开
N200 G0 X40；	X 向快速定位
N210 G01 Z-2 F200；	Z 向切入工件 2 mm 深
N220 G1 G41 X24 D2；	建立刀具半径补偿 8 mm
N230 X12 Y-20.8；	进刀至第 2 点
N240 X-12；	至第 3 点
N250 X-24 Y0；	至第 4 点
N260 X-12 Y20.8；	至第 5 点
N270 X12 Y20.8；	至第 6 点
N280 X24 Y0；	至第 1 点
N290 G1 G40 X40；	取消刀具半径补偿

N300 G0 G49 Z100；　　　　　　　　　取消刀具长度补偿 Z 轴快速定位

N310 M9 M5；　　　　　　　　　　　　主轴停,切削液关

N320 T3 M6；　　　　　　　　　　　　ϕ8 键槽铣刀,铣内孔

N330 G54 G90 G0 X0 Y0 M3 S800；　　建立工件坐标系

N340 G43 H03 Z50；　　　　　　　　　建立刀具长度补偿,Z 轴快速定位

N350 Z10 M8；　　　　　　　　　　　　Z 向快速定位至安全高度,切削
　　　　　　　　　　　　　　　　　　　液开

N360 G01 Z−2 F200；　　　　　　　　Z 向切入工件 2 mm 深

N370 X5；　　　　　　　　　　　　　　X 直线进给

N380 G02 I−5；　　　　　　　　　　　铣整圆

N390 G1 X5.5；　　　　　　　　　　　X 直线进给

N400 G1 G41 Y−5 D3；　　　　　　　建立刀具半径补偿 4 mm

N410 G03 X10.5 Y0 R5；　　　　　　　圆弧切入

N420 G03 I−10.5；　　　　　　　　　铣整圆

N430 G03 X5.5 Y5 R5；　　　　　　　圆弧切出

N440 G0 G40 X0 Y0；　　　　　　　　取消刀具半径补偿

N450 G49 G0 Z100；　　　　　　　　　取消刀具长度补偿 Z 轴快速定位

N460 M5 M9；　　　　　　　　　　　　主轴停,切削液关

N470 T4 M6；　　　　　　　　　　　　ϕ4 麻花钻

N480 G54 G90 G0 X0 Y0 M3 S1000；　建立工件坐标系

N490 G43 H04 Z50；　　　　　　　　　建立刀具长度补偿 Z 轴快速定位

N500 Z10 M8；　　　　　　　　　　　　Z 向快速定位至安全高度,切削
　　　　　　　　　　　　　　　　　　　液开

N510 G98 G81 X20 Y−20 Z−10 R5 F80；钻孔循环

N520 X−20；　　　　　　　　　　　　X 向快速定位

N530 Y20；　　　　　　　　　　　　　Y 向快速定位

N540 X20；　　　　　　　　　　　　　X 向快速定位

N550 G80；　　　　　　　　　　　　　取消循环

N560 G49 G0 Z100；　　　　　　　　　取消刀具长度补偿 Z 轴快速定位

N570 M9 M5；　　　　　　　　　　　　主轴停,切削液关

N580 M30；　　　　　　　　　　　　　程序结束并返回程序头

4.9　计算机辅助制造加工实例——曲面五角星

Mastercam 是一套功能强大的数控加工软件,采用图形交互式自动编程方法实现 NC 程序的编制。它是目前非常经济有效率的数控加工软件系统,包括美国在内的各工业大国皆采用 Mastercam 作为数控加工软件,其应用范围涉及航空航天、汽车、机械、造船、医疗器械和电子等诸多领域。

4.9.1　项目的基本操作要领和步骤

1. 加工准备

加工零件:立体五角星(见图 4-12)。

全部 $\sqrt{}$ *Ra* 6.3

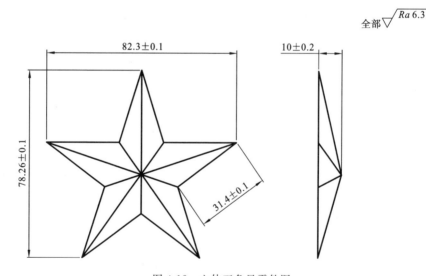

图 4-12　立体五角星零件图

选用机床:VMC1000L 型 FANUC 系统加工中心。

选用夹具:精密平口钳。

使用材料:尼龙;尺寸为 100 mm×100 mm×30 mm。

刀具、量具与工具:参照表 4-4 进行配备。

表 4-4　工具、量具、刀具及材料清单

序号	名称	规格	数量
1	游标卡尺	0～150 mm，精度为 0.02 mm	1
2	深度游标卡尺	精度为 0.02 mm	1
3	键铣刀	ϕ10	1
4	球头铣刀	ϕ8	1
5	夹具	精密平口钳	1
6	材料	100 mm×100 mm×30 mm 的尼龙块	1
7	其他	常用数控车床辅具	若干

2．工艺分析

完成本项目时，应注意刀具及刀具角度的正确选择，以保证刀具在加工过程中不产生过切。本项目中，ϕ10 mm 整体硬质合金键铣刀进行曲面粗加工挖槽加工和曲面粗加工等高线加工，ϕ8 mm 整体硬质合金球头铣刀进行曲面精加工等高线加工和曲面精加工放射加工如图 4-13 所示。

3．三维建模

利用三维建模软件进行三维建模（以 Solidworks 为例），如图 4-14 所示，保存格式为".SLDPRT"。然后进入 Mastercam 软件打开建模图形。选择下拉菜单" 文件(F) ➡ 打开(O) "，在文件类型下拉列表中选择建模模型，如图 4-15 所示。

4．进入加工环境并设置工件

选择下拉菜单" 机床类型(M) ➡ 铣床(M) ➡ 默认(D) "，系统进入加工环境。在"操作管理"中设置工件，先单击"属性 - Mill Default MM"，再单击"毛坯设置"，其设置如图 4-16 所示。

5．曲面粗加工挖槽加工

曲面粗加工挖槽加工是分层清除加工面与加工边界之间所有材料的一种加工方法，采用曲面挖槽加工可以进行大量切削加工，以减少工件中的余量，同时提高加工效率。

（1）绘制切削范围。绘制如图 4-17 所示的切削范围。

选择下拉菜单" 刀路(T) ➡ 曲面粗切(R) ▶ ➡ 挖槽(K) "，系统弹出"输入新 NC 名称"对话框，采用系统默认的 NC 名称，单击勾选按钮，完成 NC 名称设置。

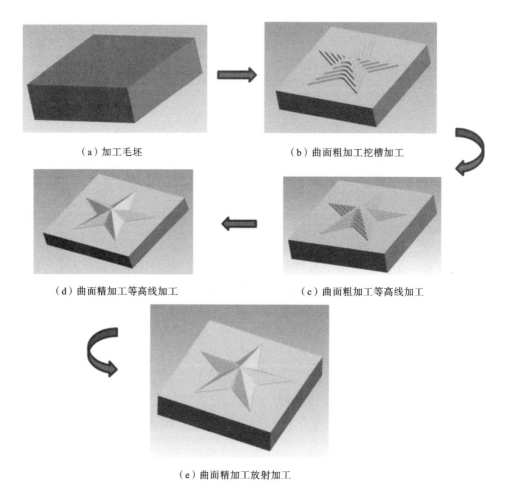

（a）加工毛坯　　　　　　　　　（b）曲面粗加工挖槽加工

（d）曲面精加工等高线加工　　　　　（c）曲面粗加工等高线加工

（e）曲面精加工放射加工

图4-13　零件的加工流程

　　设置加工面。在图形区中选取如图4-17所示的面（共11个面），然后按Enter键，系统弹出"刀具路径的曲面选取"对话框。

　　（2）设置切削范围。在切削范围区域单击 按钮，系统弹出"串联选项"对话框，在图形区中选取绘制的边线，单击勾选按钮，系统返回至"刀具路径的曲面选取"对话框。

　　单击勾选按钮，完成加工区域的设置，同时系统弹出"曲面粗加工挖槽"对话框。

　　（3）确定刀具类型。在"曲面粗加工挖槽"对话框中，单击右键选择创建新

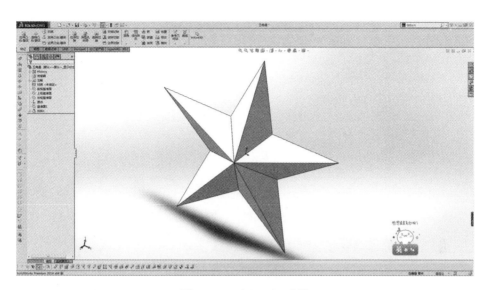

图 4-14　Solidworks 建模

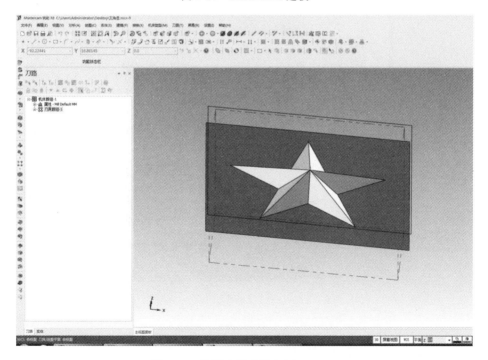

图 4-15　将所建模型导入 Mastercam

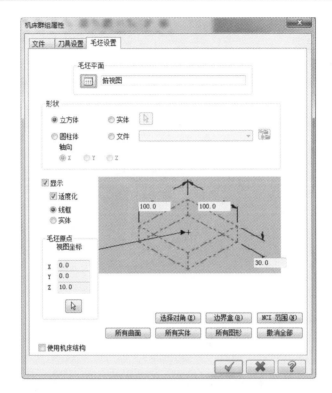

图 4-16　毛坯设置

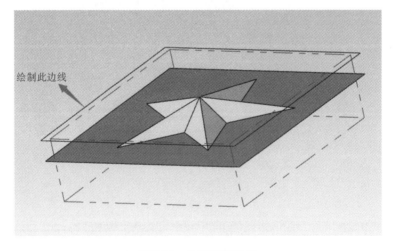

图 4-17　绘制切削范围

刀具,选择▥(平底刀),点击下一步,定义刀具直径 10 mm 后点击完成。设置刀具参数(见图 4-18)、曲面参数(见图 4-19)、粗切参数(见图 4-20)及挖槽参数(见图 4-21)。

图 4-18　刀具参数

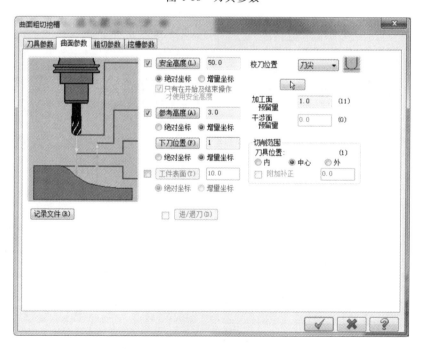

图 4-19　曲面参数

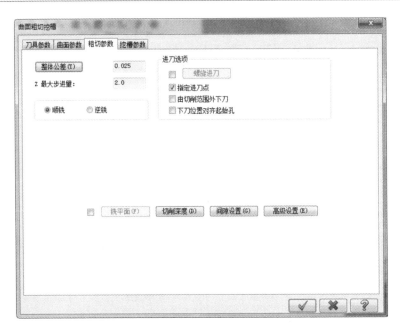

图 4-20　粗切参数

图 4-21　挖槽参数

此时系统将自动生成刀具路径,如图 4-22 所示。

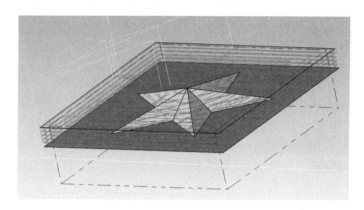

图 4-22　自动生成的刀具路径

6. 曲面粗加工等高线加工

曲面粗加工等高线加工是刀具沿曲面等高线加工的方法,并且加工时工件余量不可大于刀具半径,以免造成切削不完整的情况,此方法在半精加工过程中经常被采用。

刀具参数选项设置方法参照"曲面粗加工挖槽加工"。然后在曲面粗加工等高线加工选项中单击曲面参数,设置参数如图 4-23 所示。然后点击"√"按钮,系统将自动生成刀具路径。

7. 曲面精加工等高线加工

曲面精加工等高线加工和曲面粗加工等高线加工大致相同,加工时生成沿加工工件曲面外形的刀具路径。此方法在实际生产中常用于具有一定陡峭角的曲面加工,对平缓曲面的加工效果不很理想。

刀具参数选项设置方法参照"曲面粗加工挖槽加工"。然后在曲面精加工等高线加工选项中单击曲面参数,设置参数如图 4-24 所示。然后点击"√"按钮,系统将自动生成刀具路径。

8. 曲面精加工放射加工

曲面精加工放射加工是指刀具绕一个旋转中心点对工件某一范围内的材料进行加工的方法,其刀具路径呈放射状。此种加工方法适合于圆形、边界等值或对称性模型的加工。

刀具参数选项设置方法参照"曲面粗加工挖槽加工"。然后在曲面精加工放射加工选项中单击曲面参数,设置参数如图 4-25 所示。然后点击"√"按钮,系

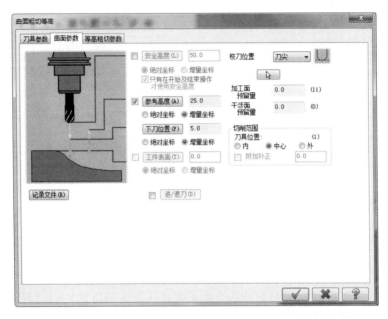

（a）曲面参数

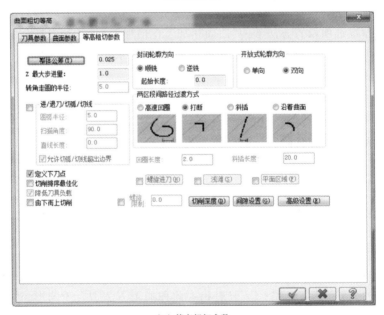

（b）等高粗切参数

图 4-23 设置"曲面粗切等高"参数

（a）曲面参数

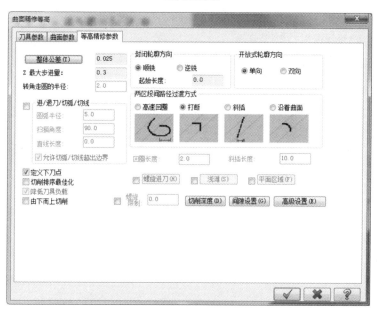

（b）等高精修参数

图 4-24　设置"曲面精修等高"参数

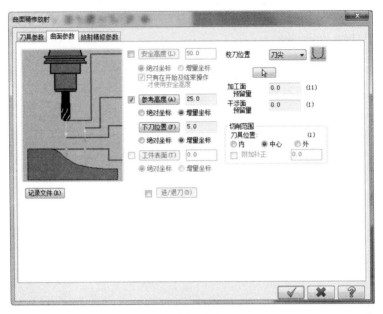

（a）曲面参数

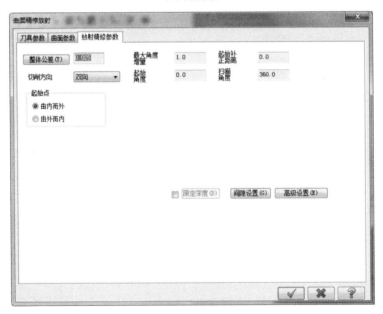

（b）放射精修参数

图 4-25　设置"曲面精修放射"参数

统将自动生成刀具路径。

9. 操作步骤

(1) 设备启动。

(2) 回参考点。

(3) Solidworks 建模。

(4) Mastercam 曲面粗加工挖槽加工。

(5) Mastercam 曲面粗加工等高线加工。

(6) Mastercam 曲面精加工等高线加工。

(7) Mastercam 曲面精加工放射加工。

(8) 模拟仿真。

(9) 后置处理。

(10) 装夹工件与刀具。

(11) 对刀。

(12) 启动循环、执行加工。

(13) 关闭设备。

习题与练习

1. 概念题

(1) 绝对值编程和增量值编程之间的区别是什么?

(2) 刀具补偿有何作用?

(3) 数控加工程序的编制方法有哪些种类? 各有何特点?

(4) 简述 G00 与 G01 程序段的主要区别?

2. 操作题

自主绘制零件图纸,并按图纸编程,然后检验编写程序的有效性并完成零件的加工。

第5章 华中数控系统五轴加工中心的操作

本章基于配备了华中数控系统 HNC-848B 操作面板的五轴加工中心进行机床操作介绍,其他操作系统(如 FANUC)的相关操作思路可参考本章内容。

数控系统操作面板上分布有主菜单项快速切换的功能键(程序、设置、MDI、刀补、诊断、位置、参数及帮助信息等),编辑设置操作时所用的地址数字键、光标控制键(上下左右、翻页等)和编辑键(插入、删除、输入)等,采用标准 PC 键盘的布局设计。机械操作面板上分布有工作方式选择键区(自动、回零、手动连续、增量、单段、空运行、循环启动及进给保持等),轴运动手动控制键区(主轴启停、主轴定向和点动,冷却液启停、各进给轴及其方向选择等),如图 5-1 所示。主轴转速及进给速度的修调采用旋钮控制。

拓展阅读
(HNC-848D
数控系统与
机床面板操作)

图 5-1 HNC-848B 数控系统操作面板

5.1　五轴加工中心对刀逻辑

RTCP 是指刀具中心点控制。在五轴加工中,追求刀尖点轨迹及刀具与工件间的姿态时,回转运动产生刀尖点的附加运动。数控系统控制点往往与刀尖点不重合,因此数控系统要自动修正控制点,以保证刀尖点按指令所定的轨迹运动。三维刀具长度补偿是指在五轴机床中,无论刀具旋转到什么位置,对于刀具长度的补偿始终沿着刀具长度方向进行,如图 5-2 所示。

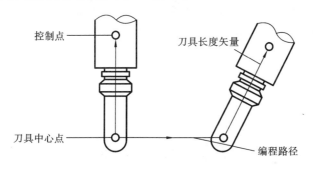

图 5-2　刀具长度补偿

由于五轴联动加工中心有 RTCP 功能,其控制核心逻辑是控制点轨迹和刀具姿态控制(刀长和刀具长度矢量),因此五轴加工中心对刀是将系统控制点"对刀"到工件坐标系,同时将各刀具长度记录在刀具补偿表中。

（1）用刀长测量仪(见图 5-3)测量各把刀的长度,也可以使用百分表、Z 轴对刀仪测量刀长。

（2）把记录的数值一一对应输入相应的长度补偿值中。

（3）选择一把刀具(也作为标准刀)进行对刀,将对刀后得到的 X、Y 轴机床坐标值分别填入 G54 坐标系中的 X、Y 轴坐标值。

（4）用试切法测出标准刀在机床的 Z 轴坐标值,填入 G54 坐标系中的 Z 轴坐标值。

（5）将外部零点偏置的 Z 轴坐标值填入标准刀的负刀长值。

特点:刀具之间相对独立,不存在相对关系,操作方便,这种方法得到了广泛的应用。

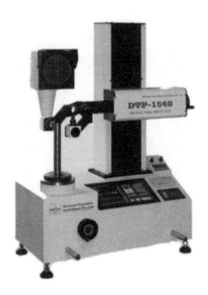

图 5-3　刀长测量仪

5.2　五轴加工中心对刀操作

系统主机面板区域划分,如图 5-4 所示。

5.2.1　对刀操作

换刀程序:"MDI"键→"MCH"键→"清除"键→输入"M6 T1",回车→"输入"键→"自动"键→"循环启动"键。

1. Z 轴对刀(Z 轴设定仪对刀)

1）测量刀长

换空刀号→将 Z 轴设定仪吸附在工作台上→"手轮"→将"手轮"轴选择旋钮旋到"Z 轴"上→使用"×10"倍率将主轴端面(控制点所在平面)缓慢接近 Z 轴设定仪→移动至 Z 轴设定仪,指针转过 10 格刻度→保持当前主轴位置→按"SET"键→"刀补"键→"相对清零"键→按"Z"键→输入数字"0"→按"Enter"键→主轴

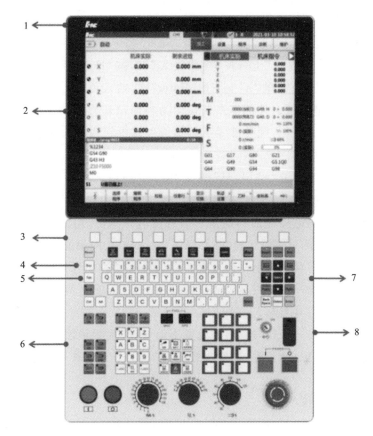

图 5-4　系统主机面板区域划分

1—LOGO；2—屏幕显示界面区；3—功能按键区；4—数字及字符按键；

5—字母键盘区；6—软键区；7—光标按键区；8—USB 接口

上移→换需测量的刀具(如 1 号刀)→使用"×10"倍率将刀具缓慢接近 Z 轴设定仪→移动至 Z 轴设定仪,指针刻度的位置与刚才调零刻度的位置相同→保持当前主轴位置→将光标移动至"刀补"键→1 号刀"长度补偿 Z"→"相对实际"键→按"Enter"键→完成输入,刀具上移。(重复此操作,输入所有需测量的刀具长度)。

　　2) Z 轴零点设置(以 1 号刀作为标准刀为例)

　　换 1 号刀,"MDI"键→"MCH"键→"清除"键→输入"M6 T1",回车→"M3

S800"→"输入"键→"自动"键→"循环启动"键,切换到手轮模式,按"手轮"键→使用"×10"倍率将 1 号刀尖缓慢移至毛坯顶面,轻轻接触毛坯顶面(有少量铝屑飞出即可)→保持当前刀具位置不动→按"SET"键→按"坐标系"键→将黄色光标移动至 G54 坐标系的"Z"上→按"当前输入"键,按"Enter"键确认→将黄色光标移动至"外部零点偏移"的"Z"上→按"Enter"键,输入负的 1 号刀的"长度补偿Z"值→按"Enter"键确认。外部零点偏移值为当前试切刀具的"长度补偿 Z"值,"长度补偿 Z"值若有变化,则外部零点偏移值也需更新为新的补偿值。

2. X、Y 轴对刀

换 1 号刀,"MDI"键→"MCH"键→"清除"→输入"M6 T1",回车→"M3 S800"→"输入"键→"自动"键→"循环启动"键,切换到手轮模式,按"手轮"键→以"×10"的倍率缓慢向毛坯侧面移动至有铝屑飞出→保持刀具当前位置不动→按"SET"键→按"工件测量"键,选择"圆心测量"键→按"读测量值"键,读取三点测圆的第一个点→移动刀具至与上一个点成 90°位置→以"×10"的倍率缓慢向毛坯方向移动至有铝屑飞出→保持刀具当前位置不动→按"读测量值"键,读取三点测圆的第二个点→移动刀具至与上一个点成 90°位置→以"×10"的倍率缓慢向毛坯方向移动至有铝屑飞出→保持刀具当前位置不动→按"读测量值"键,读取三点测圆的第三个点→按"坐标设定"键,确定坐标值写入 G54 坐标系→刀具离开毛坯,并向上移动一定距离。

3. 验证坐标系程序

MDI 模式下:先输入 G54 G90 G0 X0 Y0,然后按"Enter"键,再输入 G43.4 H01 G01 F2000 Z20,然后按"Enter"键。该程序段必须写成两行,H 后面跟的数值为当前刀具的刀具号,关注刀尖点位置是否在 X0 Y0 Z20。

5.2.2　选择程序及加工

选择程序:"MCH"键→"选择程序"→将光标移动至要加工的程序→"Enter"键→"自动"键→查看程序中模型文件名是否为所要加工的模型文件名→是,则执行加工操作;否,则重新选择→"进给倍率"旋至 30%位置→调整切削液位置,令切削液直接喷在刀具刀尖上,关闭加工中心舱门→按"循环启动"键,执行加工→执行加工之后,观察刀具第一刀所走轨迹是否存在异常,若无异常则将倍率缓慢调整至 100%。

习题与练习

1. 概念题

（1）RTCP 功能有何作用？

（2）五轴加工中心和三轴加工中心对刀操作之间的区别是什么？

2. 操作题

自主编写一段带有 RTCP 功能的程序，并进行对刀操作，完成五轴机床刀尖跟随加工动作。

第6章 五轴加工中心的编程与仿真

随着五轴加工中心的普及率越来越高,五轴加工中心的操作与编程需求也在提升。为控制五轴加工中的复杂加工姿态,避免出现加工中心切削速度较低的现象,选择适宜的加工刀具、制定合理的加工工艺及加工策略成为五轴加工中心编程的核心。机床后处理的正确性、加工的安全性、机床控制的精确性都需在加工前的虚拟仿真中得到验证。本章将对五轴加工中心编程策略和五轴机床加工仿真进行相应介绍。

6.1 高速高精五轴加工中心的常用编程指令

6.1.1 高速高精模式设定

对于模具加工行业,由于编程时常常采用微小线段来逼近复杂曲面,因此,在一般的加工模式下,小线段的处理功能不足,会导致加工效率低下,加工表面不光滑。高速高精模式增强了小线段的处理功能,可以提高程序中微小线段的加工速度,从而实现高速加工的目的。高速高精加工模式设定的格式为

G05.1Q1 高速高精模式1

G05.1Q2 高速高精模式2

G05.1Q0 高速高精模式关闭

高速高精模式关闭后,进入G61准停方式,即各程序段编程轴都要准确停止在程序段的终点,然后再继续执行下一程序段。在高速高精模式1下,系统自动计算相邻线段连接处的过渡速度,在保证不产生过大加速度的前提下,过渡速度达到

最高,从而实现高速加工的目的。在高速高精模式 1 下,插补轨迹与编程轨迹重合。

高速高精模式 2 是样条曲线插补模式。在该模式下,程序中由 G01 指定的刀具轨迹在满足样条条件的情况下被拼成样条进行插补。如图 6-1 所示,其中虚线部分为编程轨迹,实线部分是刀具实际移动的样条轨迹。在拼成样条的情况下,编程轨迹的直线拐点处(如 B、C、D 等),刀具将以很高的速度过渡,从而实现高速加工。其样条条件包括:①相邻线段矢量之间的夹角;②相邻线段的长度之比。

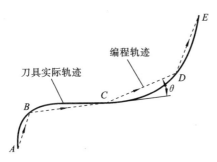

图 6-1 高速高精样条插补模式

6.1.2 刀具中心点控制(RTCP)

RTCP 主要包括三维刀具长度自动补偿和工作台坐标系编程功能。

三维刀具长度补偿是在五轴机床中,无论刀具旋转到什么位置,对于刀具长度的补偿始终沿着刀具长度方向进行,如图 5-2 所示。

格式:G43.4 H_;刀具长度补偿开始(旋转轴角度编程方式,同时启用 RTCP)

G43.5 H_;刀具长度补偿开始(旋转轴矢量编程方式,同时启用 RTCP)

G43/G44H_;可在启用上述功能后,再使用 G43/G44 作为刀长的正负补偿

G49;刀具长度补偿取消,同时关停 RTCP

说明:G43 为正向补偿,使刀具中心点沿着刀轴轴线往控制点方向(刀尖反方向)偏移一个刀具长度补偿值;G44 为负向补偿,使刀具中心点沿着刀具轴线向刀尖方向偏移一个刀具长度补偿值。

工作台坐标系编程,在五轴加工编程时,双转台的五轴加工中心也可以将工作台坐标系作为编程坐标系。工作台坐标系是与工作台固定连在一起并随着工作台

一起旋转变化的。系统默认的工件坐标系编程,通过 M 指令可以切换到工作台坐标系编程模式。

格式:M128;开启工作台坐标系编程功能

M129;关闭工作台坐标系编程功能,即返回到工件坐标系编程

6.1.3 法向进退刀控制 G53.3

法向进退刀是指刀具沿着刀具轴线方向进刀或退刀,如图 6-2 所示。

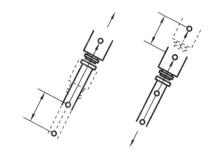

图 6-2 法向进退刀

格式:G53.3 L___

说明:表示指定进退刀的距离。进刀时指定负值距离,退刀时指定正值距离。

使用法向进退刀功能时,必须在系统参数中正确设置机床的结构形式,否则无法正确执行法向进退刀指令;编写程序代码时,必须加入 G43.3 H1,启用 RTCP 功能,否则不能准确法向进退。

6.2 五轴加工中心的自动编程

6.2.1 多轴编程常用驱动方法

驱动方法是创建刀轨所需驱动点的生成逻辑。某些驱动方法允许一条曲线(或若干离散的点)创建一串驱动点,而某些驱动方法允许在边界内或在所选曲面

上创建驱动点阵列。驱动点一旦定义,就可用于创建刀轨。

如果没有选择确定"部件"几何体,则刀轨将直接从"驱动点"创建。否则,驱动点需要投影到部件表面以创建刀轨。

如何选择合适的驱动方法,这是由加工表面的形状、复杂性,以及刀轴和投影矢量的要求决定的。多轴编程常用的驱动方法见表 6-1。

表 6-1　多轴编程常用驱动方法

曲线/点	通过指定的点和曲线来定义驱动几何体
曲面	通过指定的"驱动曲面"来定义驱动点阵列
流线	根据选中的几何体来构建虚拟驱动面
清根	沿部件表面形成的凹陷部分生成驱动点
文本	选择注释并指定在部件上雕刻文本

6.2.2　多轴加工常用刀轴控制方法

CAM 编程中的刀轴设定方式可以是"固定"和"可变"两种方位。"固定刀轴"将保持与指定矢量平行。"可变刀轴"在沿刀轨移动时将不断改变方向,如图 6-3所示。

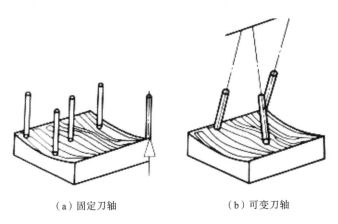

（a）固定刀轴　　　　　　　　　　（b）可变刀轴

图 6-3　固定刀轴和可变刀轴

以刀轴姿态控制为例,"曲面区域驱动方法"提供对"刀轴"的更多控制策略。可变刀轴选项变成可用的,这允许根据"驱动曲面"定义"刀轴"。加工非平滑轮廓化的"部件表面"时,有时需要利用"附加驱动面驱动的刀轴"控制过大的刀具波动,如图 6-4 所示。

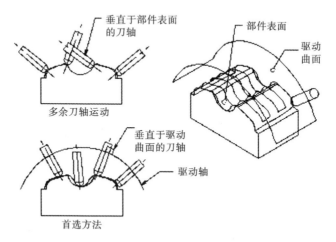

图 6-4　使用垂直于驱动曲面的刀轴

6.2.3　多轴加工常用投影矢量控制方法

投影矢量的作用:在没有指定部件之前,通过各种驱动方法获得的刀路只作用在驱动体上,而不对部件进行切削;按照指定的投影方式获得的刀路可附着到部件上,从而生成切削部件的刀路,如图 6-5 所示。

可利用现有的"刀轴"定义"投影矢量"。使用"刀轴"定义"投影矢量"总是指向"刀轴矢量"的相反方向,如图 6-6 所示。

6.2.4　五轴加工中心典型的编程策略

五轴加工中心编程策略除了多轴编程常用的型腔铣、等高铣、平面铣、固定轮廓铣等外,还包含叶轮模块的叶轮粗加工,其半精加/精加工典型策略还包含桨毂精加工、叶片精加工、叶根圆角精加工、副叶片精加工、副叶根圆角精加工,如图 6-7 所示。

在多轴模块半精加工/精加工典型策略中包含了可变轮廓铣,在可变轮廓铣策

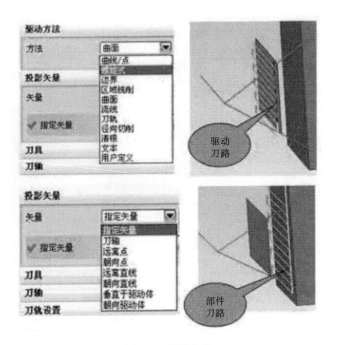

图 6-5　投影矢量

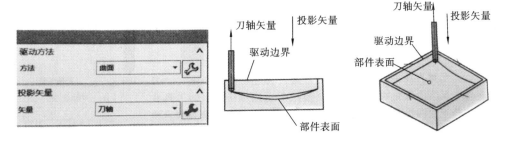

图 6-6　刀轴投影矢量

略中,通过合理设置驱动方法、投影矢量、刀轴姿态等参数(见图 6-8),可构建多种
适合曲面加工的典型策略。

1."一刀流"精加工策略

"一刀流"是若干精加工策略集合的简称,是指工件一次装夹对刀后,在同一个
MCS 坐标系下,使用一把加工刀具,通过一个或一组没有抬刀刀路的加工操作,完
成相应曲面的加工,如图 6-9、图 6-10 所示。

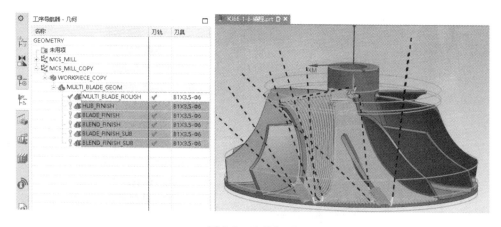

图 6-7　叶片加工

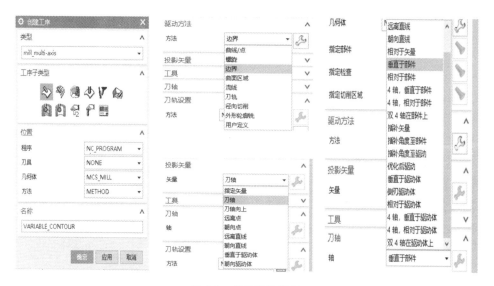

图 6-8　多轴模块设置

2．"侧刃切削"精加工策略

"侧刃划线"允许定义平行于"驱动曲面"的侧刃投影矢量。只有在同时使用"曲面区域驱动方式"和"侧刃驱动刀轴"时，此选项才可用。只有当"驱动曲面"等同于直纹面时，才能使用此选项，因为侧刃投影矢量是被"驱动曲面"定义的。如图6-11所示。

图 6-9　可变轮廓铣的"一刀流"设置

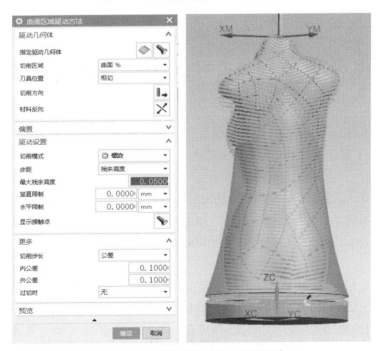

图 6-10　可变轮廓铣的"一刀流"刀路

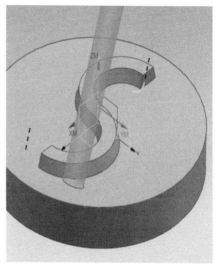

图 6-11　"侧刃切削"精加工策略

6.3　五轴加工中心的自动编程举例

　　加工如图 6-12 所示零件，圆柱面及孔已加工到位，毛坯为 $\phi107.4\times25$ 棒料，材料为 6061 铝合金。要求按单件生产设计制定工艺方案，利用 CAM 软件编制加工程序。

　　通过零件工艺分析，此零件用多轴工艺完成加工。叶片间的最小宽度为 4.2 mm，这就限定了刀具的类型和直径。加工方案及刀具类型如表 6-2 所示。

　　设定毛坯，通过创建圆柱体，创建 $\phi107.4$ mm×11 mm 的圆柱毛坯（包含叶片即可）。

　　创建坐标系，在加工模块中切换至"几何视图"。设置加工坐标系的 Z 轴与整体叶轮的轴线重合。如果此叶轮的叶片设计为与轴线发散方向一致的直纹面，就可用四轴加工中心加工，此时，可设置加工坐标系的 X 轴与整体叶轮的轴线重合。

　　创建刀具，创建名称为 D4 的立铣刀。

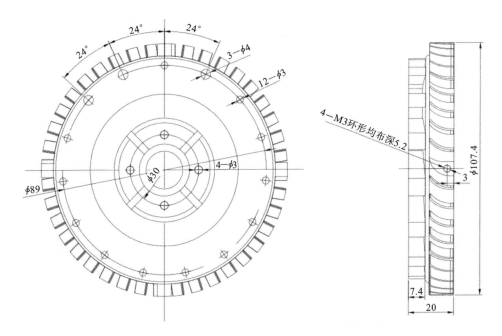

图 6-12　扩压器零件图

表 6-2　加工中心工序卡片

加工中心工序卡片		产品名称	零件名称	材料	图号		
		微型涡喷	扩压器	6061	CPIWP-001-005		
工序	铣削	夹具名称	三爪卡盘	使用设备		GS200-i5-a	
工步号	工步内容	刀具类型	刀具直径 /mm	主轴转速 /(r/min)	进给速度 /(mm/min)	刀具名称	操作名称
1	叶片开粗	立铣刀	4	8000	1000	D4	粗加工
2	叶片侧面精加工	立铣刀	4	10000	2000	D4	精加工

6.3.1　叶片开粗

叶片粗加工多轴加工的主要逻辑与策略是可变轮廓铣。驱动方法:点/线。刀轴:垂直于部件。投影矢量:刀轴。

（1）驱动曲线的创建。在建模环境,选择"菜单/插入/派生曲线/在面上偏置"。选择叶根轮廓边界沿圆柱面向外偏置 2 mm(刀具半径为 2 mm),产生出一条与叶根轮廓边界相似的曲线即粗加工时需要的驱动曲线,如图 6-13 所示。

（2）可变轮廓铣相关设置。在加工模块进入多轴加工的可变轮廓铣设置对话框后,单击"指定部件"图标,进入"部件几何体",选择叶片根部所在圆柱面,如图 6-14 所示。

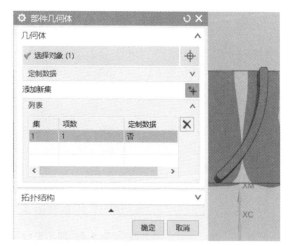

图 6-13　在圆柱面上偏置出驱动曲线　　　　图 6-14　叶片粗加工部件设置

（3）驱动方法选择"曲线/点"。选择之前创建的驱动曲线,此时曲线方向应为顺时针方向,设置左偏置为 0.3,设定切削步长为"公差",公差值设置为"0.01",如图 6-15 所示。

（4）刀轴设定选择"垂直于部件"。

（5）在切削参数/多刀路设置选项中,"部件余量偏置"设置为 6(叶片高度约为 6 mm),勾选"多重切深",步进方法选择刀路数,设置为 6。在余量页面中,部件余量设置为 0.1,内外公差设置为 0.001。

（6）在非切削参数/进刀设置中,将"进刀方式"设置为"圆弧-相切逼近",进给率和速度按照表 6-2 中设定,设定完成后按"生成"按钮,生成叶片粗加工刀路,如图 6-16 所示。其他叶片的开粗,可以通过轨迹变换"绕直线旋转"环形复制得到。

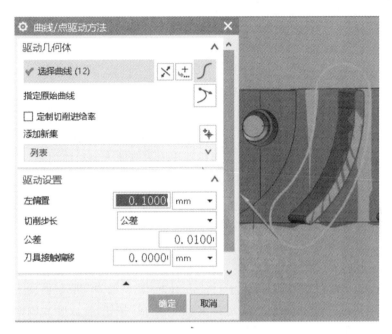

图 6-15　驱动曲线设定

图 6-16　叶片粗加工刀路

6.3.2　叶片侧面精加工

　　叶片侧面精加工多轴加工的主要逻辑与策略是可变轮廓铣的侧刃加工。驱动方法:曲面区域。刀轴:侧刃驱动体。投影矢量:垂直于驱动体。

　　(1)可变轮廓铣相关设置,在加工模块进入多轴加工的可变轮廓铣设置对话框,单击"指定部件"图标,进入"部件几何体",删除选择之前的选择。

　　(2)驱动方法选择"曲面区域",选择叶片周边侧面为驱动曲面,材料侧方向为叶片向外,切削方向为顺时针向下,切削模式为往复,步距数量设置为50,公差设置为0.01。

　　(3)刀轴设置为侧刃驱动体,侧刃设置方向选择向上,如图6-17所示。

　　(4)在切削参数/多刀路设置选项中,"部件余量"设置为0,内外公差设置为0.001。

　　(5)在非切削参数/进刀设置中,将"进刀方式"设置为"圆弧-垂直于刀轴",进给率和速度按照表6-2中设定,设定完成后按"生成"按钮,生成叶片侧面精加工刀路,如图6-18所示。其他叶片侧面精加工,可以通过轨迹变换"绕直线旋转"环形复制得到。

图 6-17　侧刃方向选择

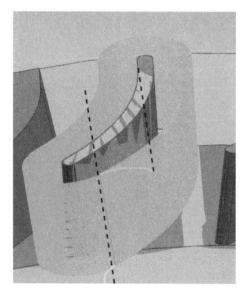

图 6-18　叶片侧面精加工刀路

6.4　五轴加工中心的加工仿真

　　模拟机床加工的过程能真实反映五轴加工中心加工过程中遇到的各种问题,包括加工编程的刀具运动轨迹、工件过切情况和刀、夹具运动干涉等错误,甚至可以直接代替实际加工过程中的试切工作,并且提供了对刀位轨迹和加工工艺优化处理的功能,可以提高零件的加工效率和机床的利用率。其加工仿真图形显示速度快,图形真实感强,可以对不同数控系统、不同格式的数控代码进行仿真,并且可以根据仿真和分析结果生成精度分析报告。需特别说明的是,CAM(计算机辅助制造)软件的自带仿真功能只能对刀路和策略进行仿真,无法对各机床的后处理进行校验仿真。

　　五轴加工中心的仿真步骤如下:

　　(1) 分析机床结构,参看转台样本,如图 6-19 所示。

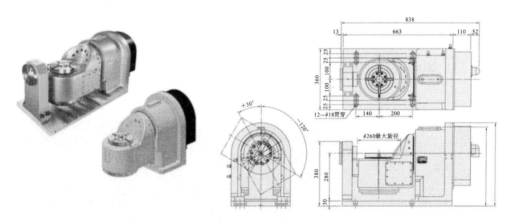

图 6-19　五轴旋转工作台样本

　　在机床床身结构上有两组运动机构。一组为 Y＋AC 旋转台,其结构逻辑为:床身→Y轴运动机构→A旋转台→C旋转台→夹具→毛坯。另一组为 XZ轴运动机构,其结构逻辑为:床身→X轴运动机构→Z轴运动机构→主轴→刀具。

　　(2) 建立机床结构项目树,如图 6-20 所示。

　　(3) 机床结构简化建模,并将所有部件分别导出为 stp 或 stl 格式模型,如图

6-21 所示。

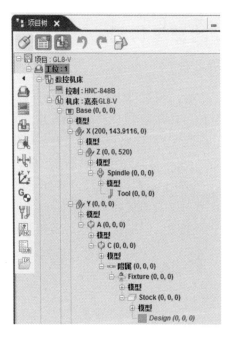

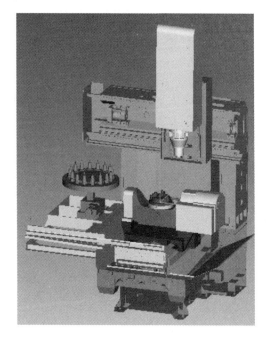

图 6-20　机床结构项目树　　　　　图 6-21　机床结构简化建模

　　（4）在仿真软件结构目录树中对应导入模型，并建立毛坯模型，如图 6-22 所示。

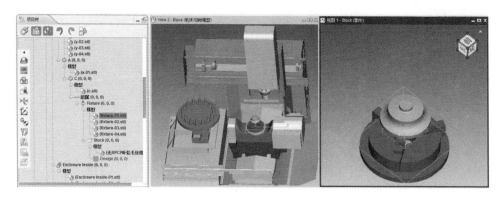

图 6-22　项目树导入模型

　　（5）在毛坯顶端中点建立工件坐标系，并将代码偏置设置到该坐标系。

（6）导入机床系统控制文件。

（7）建立仿真刀库，如图 6-23 所示。

图 6-23　仿真刀库

（8）导入加工 G 代码，仿真运行检验程序。

习题与练习

1．概念题

（1）五轴加工中心有哪些优势？

（2）五轴加工中心自动编程常用的驱动方法有哪些？

（3）简述五轴加工中心 VERICUT 仿真软件的使用流程。

2．操作题

利用 CAM 编程软件，制定微型涡喷发动机叶轮零件的加工工艺，编写加工程序，操作五轴加工中心完成对刀工作，完成零件的加工。

参 考 文 献

[1] 刘强. 数控机床发展历程及未来趋势[J]. 中国机械工程, 2021, 32 (7): 757-770.

[2] 梁铖, 刘建群. 五轴联动数控机床技术现状与发展趋势[J]. 机械制造, 2010, 48 (1): 5-7.

[3] 何雪明, 吴晓光, 刘有余. 数控技术[M]. 4 版. 武汉: 华中科技大学出版社, 2021.

[4] 龚仲华. FANUC-0iC 数控系统完全应用手册 [M]. 北京: 人民邮电出版社, 2009.

[5] 王荣兴. 加工中心培训教程[M]. 3 版. 北京: 机械工业出版社, 2021.

[6] 孙竹. 数控机床编程与操作[M]. 北京: 机械工业出版社, 1996.

[7] 童幸生, 江明. 项目导入式的工程训练[M]. 北京: 机械工业出版社, 2019.

[8] 彭江英, 周世权. 工程训练——机械制造技术分册[M]. 武汉: 华中科技大学出版社, 2019.

[9] 邓中华, 黄登红, 邓元山. 航空典型零件多轴数控编程技术[M]. 北京: 化学工业出版社, 2021.

[10] 张键. VERICUT 8.2 数控仿真应用教程[M]. 北京: 机械工业出版社, 2020.

[11] 汤季安. 加快发展嵌入式中高档数控系统, 提高企业核心竞争力[J]. 世界制造技术与装备市场, 2006, 3: 89-91.

[12] 丁国富. 五轴数控加工精度建模、分析及控制技术[M]. 北京: 科学出版社, 2016.